世界は2乗でできている

自然にひそむ平方数の不思議

小島寛之 著

ブルーバックス

装幀／芦澤泰偉・児崎雅淑
カバーイラスト／山下以登
章扉イラスト／中山康子
目次・本文デザイン／土方芳枝
本文図版／さくら工芸社

はじめに
ようこそ，2乗の世界へ

 同じ数を2回掛けることを「2乗する」という。とりわけ自然数の2乗（1, 4, 9, 16, …）は「平方数」と呼ばれ，古代から特別待遇の数となっている。

 みなさんは，この2乗計算が，私たちの住み暮らすこの世界を支配していることをご存じだろうか。そんな2乗にまつわる，とりわけ面白い法則や現象などを集めたテーマパーク「2乗の世界」へ，みなさんをご招待しよう。

 このテーマパーク「2乗の世界」は，2つのランドから成りたっている。一つは数学ランド，もう一つは物理学ランドだ。この2つは，外から見ると遠く離れているように見えるが，中に入ってみると実は，鏡の壁一枚を通り抜けるだけで簡単に行き来できるのだ。

 数学ランドのほうでは，みなさんに平方数の不思議で遊んでいただこう。平方数は，ピタゴラスの昔から現代まで数学者たちを魅惑し，そして，たくさんのステキな法則が発見されてきた。

 まず，おなじみのピタゴラスの定理を出発点とする。そして，フィボナッチ数列の中の平方数，ペル方程式，オイラーのゼータ，ガウスの平方剰余と，めくるめく平方数の不思議巡りをしていただこう。中でも，17世紀の数学者フェルマーが見つけた「4平方数定理」は際だって魅惑的である。それは，「すべての自然数は4個の平方数の和で表せる」という法則だ。この定理は，ただ美しいだけではなく，その後の

数学を進化させる原動力になったのがみごとなのである。実際，この定理に秘められた秘密を暴こうとする努力の中で，保型形式やp進数という斬新な数学理論が生み出された。数学ランドでは，その保型形式やp進数の巨大なお城を垣間見ることができるだろう。

物理学のほうにも，「2乗の世界」は広がっている。

この宇宙は，ある意味で，2乗に支配された空間だと言っても過言ではない。物理学ランドでは，ガリレイの天文学を出発点とし，ニュートン力学，量子力学，相対性理論まで遊覧していただく。そこでご覧いただくのは，ガリレイが発見した地上での自由落下の2乗則や，ニュートンの突き止めた，引力が距離の2乗に反比例する万有引力の法則や，ボーアが解明した，水素原子のスペクトルに平方数が現れる理由などである。

そんな物理学ランドの最終目的地は，アインシュタインのあの有名な公式，$E = mc^2$だ。この式は，誰もがご存じだろうが，「どうして成り立つのか」についてはほとんど理解されていないのではないかと思う。本書の売りの一つは，この公式に最短かつ最楽にたどり着くことだ。そして，それは同時に，アインシュタインの相対性理論が，ピタゴラスの定理を「時間まで取り込んだ宇宙版」に拡張したものにすぎないと理解することにもつながる。

数学ランドと物理学ランドは，鏡の壁一枚を通して瞬時に行き来できる，と先ほど書いたが，このことは，現代の数学と物理学の親密な関係を表している。現代においては，数学が物理学から新しい問題を得て進化し，逆に，数学で単独に

はじめに

研究されていた抽象的な概念が,物理現象の中に発見され,物理学に応用されるようになる,といった相互浸透が進んでいる。本書のテーマパークで,その一端を眺めることができるはずだ。

それでは,こんなわくわくにあふれている「2乗の世界」を,存分にお楽しみください。

また,各章の最後に「平方数を好きになる問題」というのがついているので,計算して遊んでみてください。

世 界 は ２ 乗 で で き て い る ◎ 目 次

はじめに……3

第1章 ピタゴラスの定理……11

平方数の楽しみ
2乗について大事な公式
平方といえばピタゴラス
ピタゴラス数
無理数の発見
無理数の難しさ
空間の計測

[平方数を好きになる問題] ❶

第2章 フィボナッチと合同数……27

フィボナッチ数
フィボナッチ数と平方数
数学試合
合同数の問題
ペル方程式
双曲線上に解が並ぶ
無理数との関係
ペル方程式の解法
ペル方程式のその後の展開

[平方数を好きになる問題] ❷

第3章 ガリレイと落体運動……49

ガリレイの実験
慣性の法則
運動エネルギーは速度の2乗
ケプラーの法則
ニュートンの万有引力

月が地球に落ちてこない理由
円運動の加速度を求める

[平方数を好きになる問題] ❸

第4章 フェルマーと4平方数定理 ……73

数論の祖フェルマー
フェルマーの小定理
フェルマーの大定理
2平方数定理
4平方数定理
母関数による別証明
4平方数定理の母関数による証明
10進法と2進法
p進数とは何か
7で割り切れるほど近くなる
7進数の中での2の平方根
4平方数定理とp進数

[平方数を好きになる問題] ❹

第5章 ガウスと虚数 ……101

天才ガウス
合同式
平方剰余の研究
2平方数定理と虚数
ガウス整数
2平方数定理ふたたび
類体論という壮大な世界

[平方数を好きになる問題] ❺

第6章 オイラーとリーマン……119

平方数の逆数をすべて足すといくつになるか?
18世紀最大の数学者オイラー
無限の和
関数を無限次の多項式で表す
三角関数を無限次の多項式で表す
解と係数の関係を復習しよう
円周率の平方がなぜ現れるのか
平方数の逆数和が素数と関係する!
オイラー積公式はなぜ成り立つのか
リーマンのゼータ関数
短命の数学者リーマン
史上最大の難問リーマン予想
ミクロの物質の物理学にゼータが現れた!

[平方数を好きになる問題] ❻

第7章 ピアソンとカイ2乗分布……149

今や,データ解析は必須
散らばりを代表する標準偏差
標準偏差は2乗平均
正規分布の発見
一般の正規分布
この世界には正規分布がいっぱい
ガウスの誤差理論
統計学者ピアソン
カイ2乗分布の発見
ピアソンの適合度検定
ピアソン vs フィッシャー

[平方数を好きになる問題] ❼

第8章 ボーアと水素原子内の平方数……175

プリズムと虹
水素のスペクトルはなぜか飛び飛び
平方数が出現!
現代物理学の父ニールス・ボーア
原子の中の宇宙法則
量子跳躍と量子条件
電子の軌道が飛び飛びなのはなぜか
幸運な偶然
ミクロの世界は複素数の姿をしている
幸運な一致の理由

[平方数を好きになる問題] ❽

第9章 アインシュタインと $E=mc^2$ ……199

天才アインシュタインの特殊相対性理論
川の流れの速度を知る方法
動く世界の速度を求める
音波を利用すれば,船の速度がわかる
地球の絶対速度を求める試み
空間は収縮する
いよいよ,アインシュタインの登場
歪む時間
異なる座標系の観測者
歪む時間・空間の中での不変量
$E=mc^2$ の発見

[平方数を好きになる問題] ❾

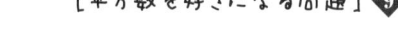

あとがき…228 平方数を好きになる問題解答…233 参考文献…240 索引…241

第1章
ピタゴラスの定理

この章では，平方数についての祖と呼ぶべきピタゴラスの研究を紹介しよう。ピタゴラスが発見したこの世界と平方数との関わりは，その後の数学者・物理学者によってどんどん深められた。本書は，丸ごと一冊でそれらのステキな成果を読者の皆さんに提供する。

平方数の楽しみ

同じ数を2回掛けることを2乗という。2乗というのは，私たちにとって，子供の頃からなじみのある数だった。実際，

$1 \times 1 = 1$, $2 \times 2 = 4$, $3 \times 3 = 9$, $4 \times 4 = 16$,
$5 \times 5 = 25$, $6 \times 6 = 36$, $7 \times 7 = 49$,
$8 \times 8 = 64$, $9 \times 9 = 81$, $10 \times 10 = 100$

という九九表の対角線上の掛け算は，子供たちにとってはどことなく特別なものであった。

2乗というのは，日本語で「平方」ともいうので，これらの数には「平方数」という名称が与えられている。

100を越えたあたりの平方数に，私たちの興味を惹く性質がいろいろ見つかる。例えば，100の次の平方数

$11 \times 11 = 121$

は，左右対称の数となっている。これは11が「1を並べた整数」だから起きることである。実際，111や1111の平方にも，同じ性質が見られる。すなわち，

$111 \times 111 = 12321$, $1111 \times 1111 = 1234321$

である（実は，この性質はずっと成り立つわけではなく，途

12

中でなくなってしまう。読者自ら確認してみてください）。

11 の平方 121 の次の平方数

$$12 \times 12 = 144$$

も面白い。なぜなら，各ケタの2つの数字を入れ替えてできる 21 について，その平方が，

$$21 \times 21 = 441$$

と，同じように 144 の数字を逆さにしたものとなるからだ。また，144 に引き続く 2 つの平方数にも興味深い性質がある。実際，

$$13 \times 13 = 169, \quad 14 \times 14 = 196$$

となって，十の位と一の位が入れ替わるからである。

このように，平方数には数の遊び心が満載と言っていい。本書では，平方数に潜むいろいろな秘密を皆さんに紹介していく。それには，上記のような数遊び的なものもあれば，高度な数学に関わるものもあれば，物理現象の中の不思議な法則性に触れるものもある。

2乗について大事な公式

2乗について大事な代数公式が2つある。本書で何度も使われるので，ここできちんと紹介しておこう。最初のものは以下の公式である。

$$(x + y)^2 = x^2 + y^2 + 2xy$$

これは，「2数を足してから2乗した結果と，各数の2乗に2数の積の2倍を加えたものとは等しい」ということを表している。「和の2乗」と「2乗の和」とが，ちょうど積の2倍分だけずれることに，2乗世界の不思議の源泉があるこ

とが，本書を読んでいくと次第にわかってくるだろう。

この式の簡単な応用として，「末尾が5の整数を2乗すると末尾は25である」などが説明できる。例えば，35の2乗を計算する場合，$35 = 3 \times 10 + 5$であることに注意して，公式を適用すれば，

$$(3 \times 10 + 5)^2 = (3 \times 10)^2 + 5^2 \\ + 2 \times (3 \times 10 \times 5) \\ = 9 \times 100 + 25 + 3 \times 100$$

25以外の項は100の倍数になるので，末尾はぴったり25になることがわかる。一般の場合には3のところをxとおくことで同じ結果が得られる。

ちなみにこの公式でyのところを，$-y$で置き換えると，公式

$$(x - y)^2 = x^2 + y^2 - 2xy$$

が得られる。

第二の重要公式は，次のものだ。

$$(x + y)(x - y) = x^2 - y^2$$

これは，「和と差の積は2乗の差」ということを表す美しい公式である。簡単な応用としては，なかなか約数の見つからない数について，この公式を利用して約数を見つけられることなどが挙げられる。例えば，9991の約数を見つけてみることとしよう。この数を3，5，7と小さな素数で順に割っていってもなかなか約数は見つからない。ポイントはこの数が平方数10000から平方数9を引いて得られる，ということに気がつくことだ。公式によって，

$$9991 = 10000 - 9$$

$$= 100^2 - 3^2$$
$$= (100 + 3)(100 - 3)$$
$$= 103 \times 97$$

と掛け算に分解できる。このように，9991 は 103 と 97 の積になるが，103 も 97 も素数だから，3 から始めて割り算していっても，97 までは約数を見つけられないのである。この公式の有用性がわかるだろう。

平方といえばピタゴラス

平方にまつわる数学といえば，ピタゴラス。中学生から大人まで，誰もがその名前を一度は聞いたことがあるだろう。

ピタゴラスは，ギリシャ時代の思想家・数学者だ。紀元前572 年頃に地中海のサモス島で宝石細工師の息子として生まれた。相当長い間エジプトに留学し，バビロニアにも訪問して学問を修業した。紀元前 532 年頃，故郷サモスに学校を建てようとしたが，当時のサモスは僭主ポリュクラテスの支配の下にあったので，イタリア南部のクロトンへ移住してそれを実現させた。ピタゴラスが建てたのは，学校というよりは教団と呼ぶべきものであり，学問をするとともに，宗教的な思想も教えられていた。ピタゴラスは，教団に対して，輪廻転生を説き，豆を食べてはならないなどの戒律を作ったりしたそうだ。

ピタゴラス教団の最期は悲劇的なものであった。クロトンに，名声と富を手に入れたキュロンという人物がいて，教団への入信を望んだが粗暴な性格のため断られた。恨みに思ったキュロンは，仲間を引き入れてキュロン党を作り，教団と

激しく対立するようになった。そして、ピタゴラスが留守の間に、教団はキュロン党の焼打ちにあって滅んだ。ピタゴラスは、クロトンを去り、メタポンチオンへ移住して生涯を終えたと伝えられている。

ピタゴラス教団は、音響学や宇宙思想など多岐にわたる業績を持つが、有名なのは数学に関する貢献だ。中でも直角三角形における「ピタゴラスの定理」は有名で、今ではすべての中学生が習うほどになっている。次のような定理である。

ピタゴラスの定理

図1－1のような直角三角形の直角をはさむ2辺 a, b の平方の和は、斜辺 c の平方と等しい。すなわち、
$$a^2 + b^2 = c^2$$
これは、長方形の2辺の長さ a と b と対角線の長さ c との関係を表すものと見ても同じである。

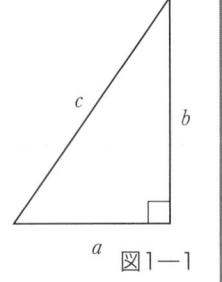
図1－1

この定理は、直角三角形は2辺の長さが分かれば、残る辺の長さは計測しなくても分かってしまうことを主張している。例えば、直角をはさむ2辺が $a = 3$, $b = 4$ と与えられれば、斜辺 c は、
$$c^2 = 3^2 + 4^2 = 9 + 16 = 25$$
から、$c = 5$ と求まることになる。あるいは、3辺が3、4、5の三角形を作れば、それは自動的に直角三角形となる。

直角三角形にこのような性質があること自体は、紀元前

第1章 ピタゴラスの定理

1600年頃のバビロニアで既に知られていたそうである。バビロニアの粘土板には，$a^2 + b^2 = c^2$を満たす3，4，5以外の整数の組として，5，12，13と8，15，17などが書かれているという。さらには，これらが長方形の辺と対角線を意味する記述があるので，直角三角形に関する法則であることも理解していた。ピタゴラスは，バビロニアに留学した際に，この法則を知った可能性がある。

一方，多くの本に，3辺が3，4，5の直角三角形をエジプト人が利用していた，というエピソードが書かれているが，こちらについては確たる証拠がないらしい。

一般法則としての「ピタゴラスの定理」を最初に証明したのはピタゴラスだろうか。これについても否定的な材料がある。この定理の一般証明は，既にインドや中国で知られていた，という証拠があるのだそうだ（図1－2）。

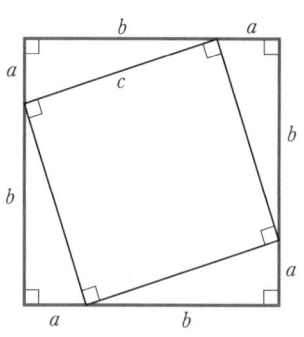

図1－2

（中の正方形の面積）$= c^2$
（中の正方形の面積）$=$（外の正方形の面積）
　　　　　　　　　　$-$（直角三角形）$\times 4$
　　　　　　　　　$= (a + b)^2 - (ab \div 2) \times 4$

$$= a^2 + b^2$$

　図1―2に示してある証明は，ピタゴラスのものとされているが，ピタゴラスよりも以前から知られていたとのことである。例えば，中国の数学書『周髀算経』にも，古くから伝わる法則として掲載されている。

　しかし，ピタゴラスの後にギリシャで花開く数学文化に，この定理が与えた影響を考えると，ピタゴラスをこの定理の祖としてもよいだろう。

　ピタゴラスの定理は，数学の発展に，大きく分けて3つの貢献をしたと言える。第一は数論への貢献であり，第二は無理数論への貢献であり，第三は，幾何学的な計量理論への貢献である。本書は，この3つすべてがテーマとなるのだが，それぞれについて，簡単に概観を見ておくことにしよう。

ピタゴラス数

　まずは，数論への貢献である。3，4，5が直角三角形の3辺を成すことは，$3^2 + 4^2 = 5^2$ という等式が成り立つことと同値であり，また，$9 + 16 = 25$ という「平方数の和が再び平方数になる」ということと同値である。$a^2 + b^2 = c^2$ を満たす自然数 a，b，c の組のことは，現在では「ピタゴラス数」と呼ばれる。バビロニアで発見されていた5，12，13も8，15，17もピタゴラス数である。

　ピタゴラスは，ピタゴラス数が無数にあるか，という問題を考えた。そして，無数にあることを論証した。

　この際に，ピタゴラスが利用したのは，次の事実であった。

第1章 ピタゴラスの定理

> ### 平方数のグノモン分解
>
> 連続する奇数の合計は必ず平方数となる。例えば,
> $$1 = 1^2$$
> $$1 + 3 = 4 = 2^2$$
> $$1 + 3 + 5 = 9 = 3^2$$
> $$1 + 3 + 5 + 7 = 16 = 4^2$$
> $$1 + 3 + 5 + 7 + 9 = 25 = 5^2$$
> $$\vdots$$

これがどうして成り立つかは，図1—3を見れば簡単にわかる。●で作った正方形を「くの字」に区切ると，奇数が順に現れるからである。

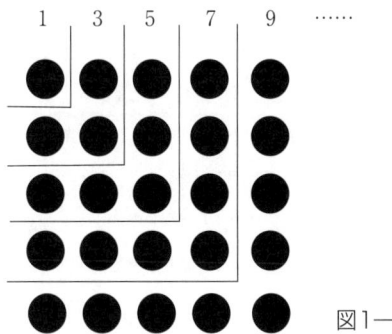

図1—3

平方数を構成するために連続的に加えた奇数は，ピタゴラスの時代には「グノモン」と呼ばれていた。ピタゴラスは平方数がグノモンの和で表されることを利用して，次々とピタゴラス数を得る方法を発見したのである。実際，最後に加え

るグノモンが平方数であれば，ピタゴラス数が得られる．例えば，上記の式のうち最後に書いた式，

$$1 + 3 + 5 + 7 + 9 = 5^2$$

に対し，1から7までのグノモンの和は4^2，最後のグノモン9は平方数3^2であるから，

$$4^2 + 3^2 = 5^2$$

が得られる．同様にして，

$$1 + 3 + 5 + 7 + \cdots + 23 + 25 = 169 = 13^2$$

の1から23までのグノモンの和を12^2に置き換え，最後のグノモン25を5^2と書けば，$12^2 + 5^2 = 13^2$が分かり，ピタゴラス数5，12，13が得られる．以下同様に，最後のグノモンが平方数になる式を使えば，いくらでもピタゴラス数を作ることができる．

作り方でわかるように，この方法で得られるピタゴラス数を小さい順にa，b，cとすると，bとcが隣り合った数で，aが奇数となっている．しかし，これらとは異なったタイプのピタゴラス数も存在する．例えば，前にも紹介した8，15，17はグノモンの和では得られないタイプのものである．だから，グノモンの和の方法ですべてのピタゴラス数が作れるわけではない（すべてのピタゴラス数を作る公式は，章末の「平方数を好きになる問題」にて）．

$a^2 + b^2 = c^2$のような方程式，つまり，変数が複数ある方程式の整数解を求める問題を「ディオファントス方程式」と呼ぶ．ディオファントスは，3世紀頃のアレクサンドリアの数学者の名前である．ピタゴラス学派を起源とし，ディオファントスを経由して研究されたディオファントス方程式の問

第1章 ピタゴラスの定理

題は，17世紀のフェルマーによって大きく花開くことになる。それは後の章で詳しく解説しよう。

無理数の発見

第二の貢献は，無理数の発見である。

1辺の長さが1の正方形の対角線の長さをcとすると，ピタゴラスの定理において$a = b = 1$とおけば，

$$1^2 + 1^2 = c^2 \text{ から } c^2 = 2$$

となる。ピタゴラスは，この長さcが有理数（整数÷整数という形の分数）ではないことを発見してしまったのである。

この事実には，たくさんの証明法があるが，その一つを紹介しよう。

仮に，cが有理数で$c = \dfrac{q}{p}$という既約分数であったとする。ここでpとqは自然数で，既約であることからpとqには1以外の共通の約数はない。cは2乗すると2であることから，

$$\left(\dfrac{q}{p}\right)^2 = 2$$

これは，

$$\dfrac{q \times q}{p \times p} = 2$$

を意味している。右辺が整数2であることに注意しよう。すると$p = 1$でないならば，左辺の式が約分されて分母が1，分子が2になることを意味する。しかし，既約だから，pとqに1以外の共通の約数がない。したがって，このような約分は不可能である。だから，$p = 1$でなければならない。こ

21

れは整数qを2回掛けると2になることを意味するが，$1^2 = 1$と$2^2 = 4$の間に2があるから，そのような整数qは存在しない。つまり，cは有理数ではない，という結論が得られたことになるのである。

有理数でない数（分数で書けない数）のことを「無理数」という。このように，無理数はピタゴラス教団によって発見されたのだが，それは教団にとって不幸なことであった。なぜなら，ピタゴラスの教えの中に「すべての存在物は有理数で表すことができる」があったからである。1辺が1の正方形の対角線の長さは，ピタゴラスの教えを真っ向から否定するものだったのである。

教団はこれをトップシークレットとして隠していたが，資金を集めるために家庭教師などをしているうちに自然に広まってしまったという。ピタゴラス教団にとっては不幸なことだったが，人類にとっては有益な漏洩だったと言えるだろう。

無理数の難しさ

1辺が1の正方形の対角線の長さ，つまり，$c^2 = 2$を満たす正数cのことを$\sqrt{2}$と書き，「ルート2」と読む。$\sqrt{}$という記号は英語 root（根）から来ており，割と近代になってから作られたものだ。

無理数には原理的な難しさがある。それは，分数で表せないばかりでなく，小数を使っても「有限的」には表せないからである。

小数には途中で終わる有限小数と無限に続く無限小数があ

る。例えば,

$$1 \div 3 = 0.33333\cdots$$

や

$$1 \div 7 = 0.142857142857\cdots$$

は無限小数である。ただし,前者は3がずっと繰り返し,後者は142857がずっと繰り返す「循環小数」である。このような循環小数ならば,無限小数であったとしても「有限的」に表されていると見なせる。有限部分の繰り返しに過ぎないからである。だから,$\sqrt{2}$ が循環小数で表せるなら,何も困難なことはない。循環部分だけに着目すれば,正体がはっきりする。

しかし残念なことに,$\sqrt{2}$ を循環小数で表すことはできない。なぜなら,分数を小数で表したものは,有限小数か循環小数となる。逆に有限小数と循環小数は必ず分数で表せる。つまり,分数＝有限小数＋循環小数,である。だから,分数で表すことのできない $\sqrt{2}$ は,循環小数でも表すことができない。

$\sqrt{2}$ を小数表示するには,どうやればよいか。最も単純な方法は,次のステップを実行することだ。

ステップ ❶　整数部を決める

2が $1^2 = 1$ と $2^2 = 4$ の間にあるから,1.×××と決まる。

ステップ ❷　小数第1位を決める

2が $1.4^2 = 1.96$ と $1.5^2 = 2.25$ の間にあるから,1.4×××と決まる。

ステップ ❸　小数第2位を決める

2 が $1.41^2 = 1.9881$ と $1.42^2 = 2.0164$ の間にあるから, 1.41 ×××と決まる。

以下,同様にして小数点以下の1位ずつの数値を順次決めていけばいい。

このステップを $(k+1)$ 回続ければ, $\sqrt{2}$ の値が小数点以下 k 位まで正確に決定される。しかし, それで得られる小数は決して循環はしないので, どこまで行っても不規則な数値の連なりとなる。つまり, どこまで数値を連ねても, $\sqrt{2}$ の「全体」を手に入れることはできない, ということなのである。

自然数 n が平方数でないとき, $\sqrt{n}$ が無理数であることは, ギリシャ時代から知られていた。さらに, 円周率 π が無理数であることもギリシャ時代から予想されていたが, 証明されたのは18世紀になってからである。

無理数にはこのような「非循環」の性質があるため, その実体を捉えるのには困難をきわめた。無理数を規定するには, 原理的に「無限」を手玉に取らなければならないからである。無理数を明確に定義し, その性質を明らかにすることに成功したのは, 19世紀のデデキントという数学者で, 無限集合論という画期的な数学理論を使ってそれを成し遂げた(無限集合論については, [3] 参照)。

空間の計測

ピタゴラスの定理の第三の貢献は,「空間の計測」である。
ピタゴラスの定理は, 長方形だけでなく, 直方体に対して

第1章　ピタゴラスの定理

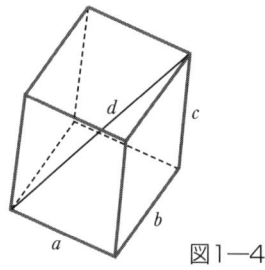

図1—4

も同様に成り立つ。すなわち，図のような3つの辺の長さがa, b, cであるような直方体の対角線の長さをdとすると，

$$a^2 + b^2 + c^2 = d^2$$

が成り立つのである（図1—4）。

これは，何次元でも成り立つ。というよりも，この性質が成り立つように高次元の「長さ」や「直角」というものが定義されるのである。実際，第9章で見るように，アインシュタインの特殊相対性理論は，4次元空間にピタゴラスの定理を応用した理論と見なすことができる。さらには，ピタゴラスの定理を無限次元に拡張した世界をヒルベルト空間と呼ぶ。これは19世紀から20世紀に活躍した数学者ヒルベルトが生み出した空間で，ミクロの物体の運動を扱う量子力学（第8章）などで使われるものである。

では，次章から，このピタゴラスの定理が生み出した世界観である「2乗の世界」を順々に紹介していくこととしよう。

[平方数を好きになる問題]

ピタゴラス数の一般解は,次の式で得られることが知られている。

$a = k(m^2 - n^2)$, $b = 2kmn$, $c = k(m^2 + n^2)$

(k, m, n は $m > n$ を満たす任意の自然数)

① $k = 1$, $m = 5$, $n = 2$ を代入して a, b, c を求め,それが $a^2 + b^2 = c^2$ を満たすことを確かめてみてください。

② この a, b, c が一般的に $a^2 + b^2 = c^2$ を満たすことを計算して確かめてみてください。

(解答は233ページ)

第2章

フィボナッチと合同数

この章では，平方数にまつわる3つの問題を紹介しよう。第一はフィボナッチ数の中の平方数の問題，第二は合同数の問題，第三はペル方程式の問題だ。

　フィボナッチ数というのは，最初の2項が1で，3項目以降は前の2項の和から作られる数列である。具体的には，

　　1，1，2，3，5，8，13，21，34，55，89，
　　144，233，377，…

という数列になる。この数列には平方数1と平方数144が現れているが，他に平方数が現れるか，という問題が考えられた。答えは，本文の中でどうぞ。

　次の合同数の問題というのは，直角三角形の3辺の長さが有理数で，しかも面積が整数になるものを求める問題である。

　三番目のペル方程式というのは，A を定数とするとき，平方数と平方数の A 倍の差がちょうど1になるものはあるか，ということを解く問題である。

　三つとも古典的な問題だが，現代数学との深いつながりを持っているところが面白いのだ。

フィボナッチ数

　数学者フィボナッチは，12世紀の終わりのイタリアのピサに生まれた。フィボナッチとは「ボナッチの息子」という意味であり，数学史では，「ピサのレオナルド」とも呼ばれている。

　父ボナッチは，フィボナッチを自分と同じ商人に育てよう

として，計算法を学ぶことを勧めた。それでフィボナッチは，青年時代にブギア，エジプト，シリア，ビザンチンなどへ旅行し，暇をみては数学を勉強した。とりわけ，アラビア数学の深い知識を身につけた。

1228年に大著『算盤の書』を刊行し，広くヨーロッパで読まれるようになった。その12章に，後にフィボナッチ数列という名で呼ばれるようになる数列の問題が出題されている。

「ウサギの対が毎月1対を生み，生まれてから1ヵ月すぎると子が生める対になる。どのウサギも死なないとすれば，1対のウサギから1年間に何対生まれるか」
という問題であった。問題文の通りに生まれる対の数を追っていくと，

1, 2, 3, 5, 8, 13, 21, 34, 55, 89, 144, 233, 377, …

という数列が得られる。この数列は，「どの項も，前の2項の和となる」，すなわち，

(k項目) + ($k+1$項目) = ($k+2$項目)

という仕組みで作られる数列である。現在では，最初に1を付け加え，

1, 1, 2, 3, 5, 8, 13, 21, 34, 55, 89, 144, 233, 377, … …①

という数列をフィボナッチ数列と呼んでいる。

フィボナッチ数と平方数

フィボナッチ数列①は，数々の面白い性質を持っており，

今でも数学愛好家の研究の対象になっている。実際,フィボナッチ数の性質だけで一冊分書かれた本が存在する。また,日本の大学入試の数学の問題でも,フィボナッチ数は頻出問題だ。筆者も,中高生の一時期,フィボナッチ数の不思議にはまった経験があった。いくらいじっても尽きない魅力にうっとりとしたものだった。

平方数との関係で言うと「連続するフィボナッチ数の平方の和は必ずフィボナッチ数になる」というのが,その不思議な性質の一つである。実際,

$$1^2 + 1^2 = 2$$
$$1^2 + 2^2 = 5$$
$$2^2 + 3^2 = 13$$
$$3^2 + 5^2 = 34$$

といった具合である。なぜこうなるかは簡単に証明できるので,章末の問題で出題することとしよう。ちなみに,このような2つの平方数の和の問題は,フェルマー(第4章)やガウス(第5章)でも研究されたものである。

フィボナッチ数と平方数の関係の中には,もう一つの面白い問題がある。それは,「フィボナッチ数の中に平方数は無限にあるか?」という問題だ。もう一度,前節のフィボナッチ数列①を眺めて欲しい。1項目と2項目が平方数1,そして,12項目が平方数144である。フィボナッチ数列の中にはこの後にも平方数が出現するだろうか。

数学者たちは,相当先まで計算してみたが見つからなかったので,きっともう他にないに違いない,という予想をたてた。しかし,この事実を証明することはなかなかできなかっ

たのだ。

この問題が解決したのは、なんと、20世紀も後半、1964年のことである。コーンという数学者が完全な証明を得たのであった。その証明の概要を述べると以下のようである。

まず、フィボナッチ数列①を8で割った余りの数列を作ろう。

1, 1, 2, 3, 5, 0, 5, 5, 2, 7, 1, 0, 1,
1, 2, 3, 5, 0, … …②

13項目からが最初の部分の繰り返しになっているのが見てとれるだろう。実は、この数列は初めの12項がずっと繰り返される（循環する）数列になるのである。それはなぜか。まず、xを8で割った余りがaで、yを8で割った余りがbなら、$x+y$を8で割った余りは、$a+b$を8で割った余りと同じになることに注意しよう。フィボナッチ数列は、そもそも

（k項目）＋（$k+1$項目）＝（$k+2$項目）

という規則で生成されるから、（k項目）を8で割った余りがaで、（$k+1$項目）を8で割った余りをbとするなら、（$k+2$項目）を8で割った余りは$a+b$を8で割った余りと同じになる。だから、数列②は、「どの項も前の2項の和を8で割った余り」という規則を持つ。したがって、13項目が1項目と一致し、14項目が2項目と一致するなら、そのあともずっと一致することになるわけなのだ。

次に、平方数を8で割った余りがどうなるかを見てみることにしよう。

1, 4, 9, 16, 25, 36, 49, 64, 81, 100, …

↓8で割った余り

　1，4，1，0，1，4，1，0，1，4，…

見ての通り，1，4，1，0の繰り返しである。つまり，平方数を8で割った余りには0と1と4しか現れない，ということなのだ。

　では，フィボナッチ数列を8で割った余りの数列②のどこにこの0と1と4が現れるかを見てみることにしよう。数列②は循環するので，最初の12項だけを見ればいい。

　　　　1，1，2，3，5，**0**，5，5，2，7，**1**，**0**

平方数になることが可能なのは，太字の場所だけとなる。この場所は12周期で現れるので，（12の倍数）＋1項，（12の倍数）＋2項，（12の倍数）＋6項，（12の倍数）＋11項，（12の倍数）項の5通りの場所しか見る必要がなくなった。

　同じことを16で割った余りで行うと，（12の倍数）＋6項も平方数でないことがわかる。

　残りの4通りの場合について，13項目以降（つまり，2巡目以降）に平方数が現れないことを証明すればよい。それにはガウス（第5章）が証明した「平方剰余相互の法則」という大定理の力を借りることになる。

数学試合

　フィボナッチが研究した平方数の問題はもう一つあるので，その話に進もう。

　当時のヨーロッパでは，数学試合というものが行われていた。数学腕自慢の者同士が，数学の問題を互いに出し合って，多く解けた方が賭け金を取る，という勝負事である。

1225年に神聖ローマ帝国のフリードリッヒ2世がフィボナッチに勝負を申し入れ，つかえていた哲学者マギストル・ヨハンが問題を出題した。その中の一問が平方数に関する問題だった。

「$x^2 + 5$, $x^2 - 5$をともに平方数にするには，xをどんな数にすればよいか」

ここで，xは有理数のことであり，平方数というのも有理数の平方のことである。

この問題に対して，フィボナッチは，次の解を発見している。

$$\left(\frac{41}{12}\right)^2 + 5 = \left(\frac{49}{12}\right)^2, \quad \left(\frac{41}{12}\right)^2 - 5 = \left(\frac{31}{12}\right)^2 \quad \cdots ③$$

そのうえ，フィボナッチは，このような問題の解を見つける一般的な方法まで発見していた。方法はわかっているのだが，実行するのは難しい。次の解が発見されたのは，なんと1931年のことであった。アメリカのヒルが次の解を見つけた。

$$\left(\frac{3344161}{1494696}\right)^2 + 5 = \left(\frac{4728001}{1494696}\right)^2$$

$$\left(\frac{3344161}{1494696}\right)^2 - 5 = \left(\frac{113279}{1494696}\right)^2$$

ちなみに，次の解は，分子が27ケタの既約分数になるとのことである。

合同数の問題

前節の数学試合の問題について，フィボナッチは次のよう

な問題と関連することに気がついた。

「整数Aは，3辺が有理数の直角三角形の面積になっている。このような整数Aを求めよ」

この性質を持つ整数Aを，彼は「合同数」と呼んだ。この性質を満たす直角三角形の，直角をはさむ2辺をa，b，斜辺をcとおくなら，ピタゴラスの定理（16ページ）から，

$$a^2 + b^2 = c^2$$

が成り立ち，この三角形の面積は$\frac{ab}{2}$であるから，Aが合同数であることは，次の条件と同値である。

整数Aが合同数である必要十分条件

$A = \frac{ab}{2}$ かつ $a^2 + b^2 = c^2$

を満たす（正の）有理数a，b，cが存在する。

最小の合同数が$A = 5$であることをフィボナッチが発見している。実際，

$$a = \frac{3}{2},\ b = \frac{20}{3},\ c = \frac{41}{6}$$

とすれば，上記の条件を満たすからだ。これは，前節の数学試合の問題と密接な関係を持っている。それは，次の定理からわかる。

合同数の定理

正の整数Aが合同数であるための必要十分条件は，次の連立方程式：

$$x^2 + Ay^2 = z^2 \quad \cdots ④$$
$$x^2 - Ay^2 = t^2 \quad \cdots ⑤$$

が整数解で $y \neq 0$ のものを持つことである。

前節の③式の分母を払うと,

$$41^2 + 5 \cdot 12^2 = 49^2, \quad 41^2 - 5 \cdot 12^2 = 31^2$$

となるから,上の定理にあてはまるのである。

ちなみに,1が合同数でないことの完全な証明は,フェルマー(第4章)が得ている。それは,この定理から,

$$x^2 + y^2 = z^2$$
$$x^2 - y^2 = t^2$$

に $y \neq 0$ なる整数解がないことを証明したのと同じである。

すると,この2式を左辺同士,右辺同士掛け合わせてみると(14ページの公式から),

$$x^4 - y^4 = (zt)^2$$

に整数解がないことを示したのと同じになる。これは,フェルマーの最終定理(77ページ参照)の指数4の場合に自然数解がないことを示すことと等価であり,フェルマーはこの道筋で最終定理の指数4の場合を発見したのであろう。

合同数は古典的な問題であるが,いまだに数学者の興味の対象である。実際,次の予想がある。

合同数予想

A は1以外の平方数を約数に持たない正の整数とする。このとき,A を8で割った余りが5,6,7ならば,A は合同数である。

この予想は，バーチ・スイナートン＝ダイアー予想という，楕円曲線（$y^2 = x$ の3次式という方程式で描かれる曲線）に関する予想から証明されることがわかっている。このバーチ・スイナートン＝ダイアー予想は，きっと正しいだろうと多くの数学者に信じられているが，現在もまだ未解決の難問である。

ペル方程式

　前節の⑤式で $t = 1$ としたものが「ペル方程式」と呼ばれる。つまり，

$$x^2 - Ay^2 = 1 \quad \text{（ただし，A は平方数でない自然数）}$$

という方程式の整数解を求める問題である。3世紀頃のアレクサンドリアのディオファントスもこの方程式について多少の分析を行っているので，これはディオファントス方程式の一種でもある。

　この方程式の歴史は古く，アルキメデスまでさかのぼることができる。アルキメデスは，ご存じの通り，紀元前200年代のギリシャ時代に活躍したアレクサンドリアの数学者。王様の冠が純金でできているかどうかについて，比重の原理を使って判定する方法を入浴中に思いついて，嬉しさのあまり全裸で「わかった，わかった」と叫びながら街を走り回った，というエピソードが有名だ。それだけだと，ただの奇人変人だと思われるかもしれないが，彼は数学者として時代を超越した仕事を成し遂げている。

　アルキメデスの偉業と言えば，なんと言っても「求積法」の発見であろう。「求積法」というのは，曲線で囲まれた図

形の面積や体積を求める技術のこと。アルキメデスは，円の周を正多角形で近似することによって，円周率を 3.14 まで正確に求めた。また，球の体積の公式（4×円周率×半径の 3 乗÷3）も突き止めた。さらには，放物線（$y = ax^2$ のグラフ）を境界に持つような図形についても面積の計算方法を編み出したのである。

そのアルキメデスは，親友のエラトステネス宛の手紙の中に「太陽の牛」という問題をしたためた。ちなみに，エラトステネスというのも歴史に名を残す数学者。太陽が真上にくる時刻を二ヵ所で計って，地球の大きさをかなり正確に計測したのは有名だ。また，素数だけをふるい分ける「エラトステネスのふるい」にもその名を残している。

「太陽の牛」を冒頭の部分だけ紹介しよう。

「計算せよ。おお，友よ。アポロン（太陽神）の牛の群れの数を。もし汝に知恵あらば，以下の点に心しつつ，シシリー島トリナクリアの野に草食む牛ありき。そは乳白色，黒，ブチ，黄の色にしたがい四群に分かれし，その数を計算せよ。牡牛の数，各々の群にて多勢をなし，その間の関係はかくのごとし，乳白色の牡の数，黄の牡の数に加うるに，黒の牡の数の二分の一と三分の一だけ多し，……」

あまりに長い問題文なので，この辺で打ち切っておく。結局，この問題は次の方程式に帰着される。

$$x^2 - 410286423278424 y^2 = 1$$

見てわかる通り，これはペル方程式の一種（$A =$ 410286423278424 の場合）である。そして，これを解いて得られる畜群の総数の最小値は 206545 ケタの数なのだそう

だ。なんて迷惑な問題を出題したことか。

ペル方程式が再度脚光を浴びるのは，17世紀のこと。フランスの数学者フェルマー（第4章参照）がイギリスの数学者に挑戦して

$$x^2 - 61y^2 = 1$$

という問題（$A = 61$の場合）を出題した。1657年のことである。その挑戦を受けて，ブラウンカーとウォリスという二人の数学者が答えを求めた。最小の解は，

$$(x, y) = (1766319049, 226153980)$$

と大変大きい数だった。

その後，18世紀の数学者オイラー（第6章）がこの問題を研究した際，誤ってこの問題を「ペル方程式」と呼んでしまったので，その後ずっとこの名で呼ばれているが，本当は「フェルマー方程式」と呼ばれるべきだったのである。

ペル方程式は，右辺が-1になる場合も含める場合がある。すなわち，

$$x^2 - Ay^2 = \pm 1$$

という方程式だ。この場合は，左辺を計算して1または-1となるx, yを求める問題となる。

双曲線上に解が並ぶ

ペル方程式とは$x^2 - Ay^2 = 1$を満たす整数x, yを求める問題だが，この方程式のグラフを座標平面上に描くと，図2―1のような双曲線と呼ばれる図形となる。

2本の曲線から成るので「双曲線」と名付けられているのである。

第2章 フィボナッチと合同数

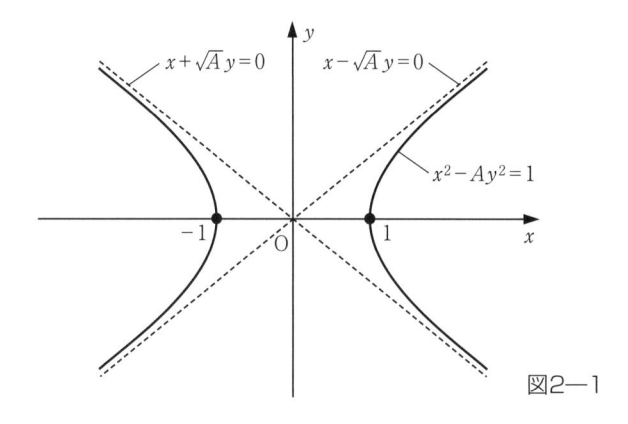

図2—1

図中の直線は
$$x - \sqrt{A}\,y = 0 \text{ と } x + \sqrt{A}\,y = 0$$
で,すごく上の方やすごく下の方では曲線はこの直線ににじり寄っていく。

ペル方程式の解を求めることは,この曲線上に並ぶ整数の座標を持つ点(格子点)を探すことと同じ意味になる。

この曲線は,紀元前350年頃のメナイクモスという人によって発見されたとされる。

メナイクモスは,頂点でくっつけられた2つの円錐を平面で切断すると,3種類の図形が現れることに気がついた。一つは(円を含む)楕円であり,一つは放物線であり,もう一つが双曲線である(図2—2)。

母線と平行な平面で切断すると,一方の円錐だけに切り口ができ,それが放物線になる。放物線をつくる平面より傾きを緩やかにすると,楕円となり,完全に水平にすると円ができる。他方,傾きをきつくすると,2つの円錐両方に切り口

楕円　　　　　　放物線　　　　　双曲線

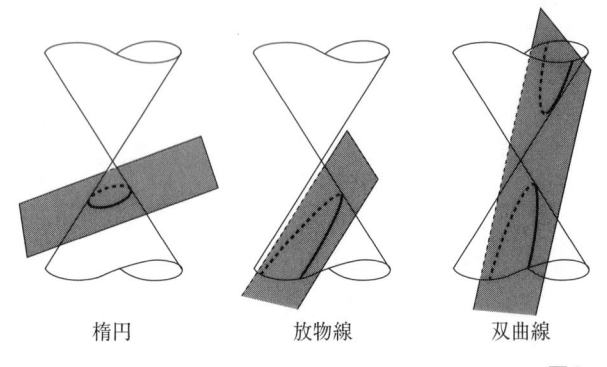

図2−2

ができて双曲線が現れるのである。ちなみに，現代数学の x-y 座標平面上での方程式で書けば，放物線の方程式は，

$$y = ax^2$$

であり，これは中学校で教わる。楕円の方程式は，

$$ax^2 + by^2 = 1 \quad (ただし，a と b は正の数)$$

となる。これは，円を一方向に延ばしてできる図形である。さらに，双曲線は

$$ax^2 - by^2 = 1 \quad (ただし，a と b は正の数)$$

となる。先ほど説明したように，ペル方程式は双曲線の方程式の中の一種となっている。

このような円錐曲線を深く研究し，『円錐曲線論』という論文を書いたのが，アルキメデスと同時期のアレクサンドリアの数学者アポロニウスだった。円錐曲線論はずっとあとになって，天体の法則を解明するための重要な道具となる。それはガリレイの章（第3章）で説明しよう。

無理数との関係

ペル方程式でとりわけ歴史的に重要なのは，$A = 2$ の場合，すなわち，

$$x^2 - 2y^2 = \pm 1 \quad \cdots ⑥$$

である。この方程式は，「平方数と平方数の2倍との差がちょうど1である」ことを意味するものである。これは，古くは紀元100年前後のスミュルナのテオンという数学者によって研究がなされた。

テオンは一般解の求め方も突き止めている。テオンがこの方程式を研究したのは，この方程式の解が2の平方根，すなわち $\sqrt{2}$ の近似分数を与えるからなのだ。

例えば，$x = 17$，$y = 12$ は⑥の解を与える。この解に対して，$x \div y = 17 \div 12 = 1.416\cdots$ は確かに $\sqrt{2} = 1.4142\cdots$ の近似値を与えている。

なぜ，$\sqrt{2}$ の近似解が出てくるのだろうか。

まず，⑥の右辺を0にした方程式

$$x^2 - 2y^2 = 0$$

を考えてみよう。これは，

$$\left(\frac{x}{y}\right)^2 = 2$$

と変形することができるので，これを満たす正の数 x，y に対して，$x \div y$ は $\sqrt{2}$ でなければならない。第1章で説明したように，もちろん，このような x と y は，自然数の範囲には存在しない。

ペル方程式⑥は，自然数解を持たない方程式

$$x^2 - 2y^2 = 0$$

の右辺を，整数の範囲で最小にずらす，すなわち ±1 だけずらす，というのがポイントである。面白いことに，±1 ずれるだけで，このペル方程式⑥には自然数解が無数に出てくるのである。

⑥の自然数解 x と y に対しては，両辺を y^2 で割れば，

$$\left(\frac{x}{y}\right)^2 - 2 = \pm\left(\frac{1}{y}\right)^2$$

という式ができる。ここで，y が十分大きい自然数なら $\frac{1}{y}$ は非常に0に近くなる。つまり，右辺が十分0に近くなることから，左辺の $\left(\frac{x}{y}\right)$ の2乗はとても2に近い分数になる。すなわち，$\left(\frac{x}{y}\right)$ は $\sqrt{2}$ の近似値を与えることになるのである。このことは，次のように最初の5つの解に対して，具体的に $\frac{x}{y}$ を順次計算してみれば確認できる。

$x = 1, \ y = 1 \to 1 \div 1 = 1$

$x = 3, \ y = 2 \to 3 \div 2 = 1.5$

$x = 7, \ y = 5 \to 7 \div 5 = 1.4$

$x = 17, \ y = 12 \to 17 \div 12 = 1.416\cdots$

$x = 41, \ y = 29 \to 41 \div 29 = 1.4137\cdots$

確かに，交互に $\sqrt{2}$ より大，$\sqrt{2}$ より小となりながら，そのたびに $\sqrt{2}$ にどんどん近づいていっている。テオンは，このような方法によって，$\sqrt{2}$ の近似値を求めたのである。

ペル方程式の解法

一般のペル方程式 $x^2 - Ay^2 = \pm 1$ は，フェルマー以降の数学者たちによって，±1 両方か +1 のほうだけかに，必ず

第2章 フィボナッチと合同数

自然数解を持つことが解明され，しかも，すべての解を求める方法が与えられた。それは，次の2ステップによるものである。

ペル方程式の解を求める方法

ステップ ①

最小の正の解を見つける。

ステップ ②

最小の正の解を $x = x_1$，$y = y_1$ とするとき，
$$x_1 + y_1\sqrt{A}$$
という無理数を作り，それを α と書くとしよう。そして，α を k 乗して展開して整理し，
$$\alpha^k = x_k + y_k\sqrt{A}$$
という形で表す。このとき，係数に現れる x_k と y_k とが与えられたペル方程式の k 番目の解を与える。つまり，この方法ですべての解が得られる。

以上の事実を，再び，$A = 2$ の場合，すなわち，
$$x^2 - 2y^2 = \pm 1$$
について確かめてみよう。

まず，最小の正の解は $x = 1$，$y = 1$ である。実際，
$$1^2 - 2 \times 1^2 = -1$$
だから解である。そこで，
$$\alpha = 1 + \sqrt{2}$$

43

という無理数を作る。この数を2乗, 3乗, としていけば, 次のように順に解が求まるのだ。

α の1乗

→解 $x = 1$, $y = 1$ が得られる。これは -1 のほうの解。

α の2乗

→$\alpha^2 = (1 + \sqrt{2})^2 = 3 + 2\sqrt{2}$

→解 $x = 3$, $y = 2$ が得られる。これは1のほうの解。

α の3乗

→$\alpha^3 = (1 + \sqrt{2})^3 = 7 + 5\sqrt{2}$

→解 $x = 7$, $y = 5$ が得られる。これは -1 のほうの解。

⋮

ペル方程式のその後の展開

ペル方程式は, フェルマーの時代から後にも何度か数学史を飾ることになる。

まず, フェルマーの最終定理(77ページ参照)を解く努力の中で, 19世紀の数学者たちは, 整数の概念を拡張する必要に迫られることになった。

方程式 $x^n - 1 = 0$ を満たす複素数(複素数については第5章で解説する)を「1のべき根」という。数学者たちは, 有理数に1のべき根を加えて四則計算で拡大した数世界で, 整数の類似物を定義し, その性質を研究したのである。このとき, この(複素)整数の世界にペル方程式が再度登場する

こととなったのである。それは「ディリクレの単数定理」と呼ばれる美しい定理に結実した。

さらには，20世紀にもう一つの展開を見せる。それは，「素数を作る式」の歴史に新たな1ページを付け加えた，ということだ。

「素数を作る式」とは，「その式に沿って計算すると必ず素数が出てくる」ような式のことで，古くから数学者によって探し求められていた。

1次式では，

$$210n + 199$$

が，$n = 0$ から $n = 9$ までの10個で素数を生み出す。

$$60060n + 4943$$

は $n = 0$ から $n = 12$ までの13個の素数を生み出す。

2次式では，

$$n^2 + n + 41$$

が $n = 0$ から $n = 39$ までの40個の素数を生み出すことをオイラー（第6章）が発見している。

しかし，多項式でいつまでもずっと素数を生み出すものはなかなか発見されなかったし，不可能ではないか，とさえ思われてきた。ところが，20世紀の数学者マチアセビッチが，この予想を覆し，「素数を作り続ける多項式」を発見したのである。ただし，発見された式は19変数の37次式であって，決して実用的な式ではない。

マチアセビッチの発見には，意外なことに，ペル方程式の理論が使われているのだ。

それは次のタイプのペル方程式だった。

$$x^2 - (a^2 - 1)y^2 = 1$$
　　（ただし，a は 2 以上の自然数の定数)

　いやはや，ペル方程式の生命力にはすさまじいものがある。

[平方数を好きになる問題]
②

① 10段からなる階段があります。今,階段を昇るとき,1段昇るか,2段いっぺんに昇る（1段とばし）か,どちらかだけが許されるとしましょう。10段の階段を昇る昇り方は何通りあるでしょうか。
ちなみに,1段からなる階段の昇り方は1通りです。2段からなる階段の場合は,「1段昇って1段昇る」場合と「2段いっぺんに昇る」場合の2通りです。

② 10段の階段を①の昇り方で昇るとき,5段目の階段を踏む場合と踏まない場合に分けて計算してみましょう。フィボナッチの平方の和の法則が得られるはずです。

（解答は233〜234ページ）

第3章

ガリレイと落体運動

この第3章では,物理現象における平方数の話題を提供しよう。主役となるのは,天体の法則を突き止めた三人の物理学者,ガリレオ・ガリレイ,ヨハネス・ケプラー,アイザック・ニュートンである。

ガリレイは,自由落下が等加速度運動であることを発見し,落下距離が落下時間の2乗に比例することを明らかにした。また,ケプラーは,火星が太陽を回る軌道が楕円であることを突き止め,ケプラーの3法則を発見した。ニュートンは,二人の発見を統合することで,万有引力の法則,すなわち,「2つの物体には引力が働く。その力は,物体の質量の積に比例し,中心間の距離の2乗に反比例する」という法則を導いた。言うまでもなく,三人の業績はすべて,2乗計算と密接な関係を持っている。

ガリレイの実験

天体の物理法則に関して,最も画期的な発見をしたのは16世紀から17世紀に活躍したイタリアのガリレオ・ガリレイだと言っていいだろう。

ガリレイは望遠鏡による天体観測を熱心に行った。太陽の黒点,月の凸凹,木星の衛星を発見している。中でも,地動説を唱えたことで有名だ。しかし,ガリレイがその後の科学に与えた最も大きな影響は,「実験から法則を発見する」という物理学的手法の開発だろう。

ガリレイが実験によって突き止めた重要な物理法則としてまず挙げなければならないのは,「落体法則」と「慣性の法

則」である。「落体法則」というのは、「物体が自由落下するときは、一定の加速度で加速運動をする」という法則だ。また、「慣性の法則」とは、「外力が働かないとき、物体は永久に静止するか、永久に等速直線運動をする」というものである。この2つは、まるで別の法則に見えるが、相互に関連性を持っている。

まず、「落体法則」のほうを説明しよう。物体の落下運動については、古くから研究されていた。例えば、ギリシャ時代のアリストテレスは、「重い物体は速く落下し、軽い物体は遅く落下する」と考えた。これは長い間信じられてきたが、この「常識」を覆したのがガリレイであった。

ガリレイがこれに疑問を抱いたのは、次のような「思考実験」からだろうと考えられている。すなわち、重い物体と軽い物体を連結して落としたらどうなるだろう。重い物体が速く落ち、軽い物体が遅く落ちるのなら、連結した物体はその中間の速度で落ちるに違いない。他方、連結された物体は、どちらよりも重いのだから、どちらよりも速く落ちるはずだ。これは矛盾、というわけだ。

ガリレイは、思考実験だけでなく、現実の実験による検証を行っている。約100メートルの高所から、同じ大きさの鉛の球と樫の木の球とを落とした。着地点で鉛のほうがわずか1メートル程度しか先行しなかった。さらに、鉛の球と石ではほとんど差が見られなかった。これらの結果から、アリストテレスの説は間違いで、鉛と樫で生じた違いは空気抵抗によるものだと結論したようである。

さらに、ガリレイは、落下物体の速度の変化についても分

析している。そして、真に驚くべき発見をしたのである。それは、「落下距離は落下時間の2乗に比例する」という発見だった。

この法則は、自由落下（鉛直落下）を素朴に観測しても見つけることはできなかったろう。自由落下は、速度が速すぎて、当時の技術では速度の変化を正確に計測できなかったからである。ガリレイは、うまい工夫によって、この困難を乗りこえたのである。それは、緩い坂道を作り、そこに金属球を転がす、という工夫だった。

ガリレイが発見したのは、落下運動が「等速」運動ではなく「等加速度」運動だ、ということである。等加速度運動とは、速度が一定割合で速くなる運動のことであり、落下距離は落下時間の2乗に比例することになる。ガリレイは、この事実を鉛直落下ではなく、緩い斜面での落下で検証した。

ガリレイは、落下距離が落下時間の2乗に比例することを検証する際、「グノモン」の考えを使ったのである。第1章（19ページ）で説明したように、グノモンとは「連続する奇数列」のことであり、その総和は平方数となる。彼は、この性質を利用したのだ。

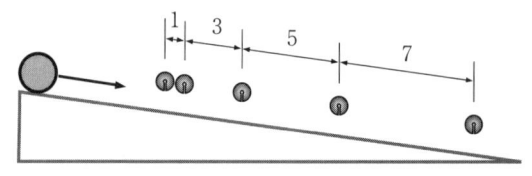

図3―1

ガリレイは、図3―1のような緩い坂道を作って金属球を転がすことにした。金属球が何秒後に何センチメートル進ん

でいるか計測できればそれにこしたことはないが、当時の時計の精度ではそれは不可能だった。そこでガリレイは、人間の聴覚、とりわけリズム感を利用することを思いついたのだ。坂道に複数の鈴をぶらさげる。その際、一番目の鈴と二番目の鈴の間隔を1としたとき、二番目の鈴と三番目の鈴の間隔が3、三番目の鈴と四番目の鈴の間隔が5、四番目の鈴と五番目の鈴の間隔が7、……という具合に、間隔の比が連続する奇数となるように設置したわけだ。この設定は、落下距離が落下時間の2乗に比例することを事前に予想していないとできないことである。

こうしておいて、金属球を落下させる。金属球が鈴とぶつかるごとに鈴が鳴る。1回目の鈴の音から2回目までの間に球は1の距離進んでいる。1回目から3回目までには、

$$1 + 3 = 4$$

の距離進んでいる。1回目から4回目までには、

$$1 + 3 + 5 = 9$$

の距離進んでいる。もうおわかりだろう。この仕組みは、まさに「グノモン」の法則である。

一方、鈴の音は規則正しい一定間隔のリズムに聞こえる。とすると、鈴の音の聞こえる時間間隔をt秒とすれば、t秒間に1の距離を進み、$2t$秒間に4の距離進み、$3t$秒間に9の距離進み……という具合になっていることを意味している。つまり、落下距離は落下時間の2乗に比例する、ということになるのである。

単位時間t秒の間に進む距離が1、3、5、7、……と増加していく、ということは、速度が単位時間に2ずつ増すことを

意味するので,「単位時間あたりの加速が一定」という意味で「等加速度運動」と呼ばれる。

このような実験によって,緩い坂道を落ちる金属球の運動は,「等速」運動ではなく,「等加速度」運動であることをガリレイは突き止めたのだ。

さらにガリレイは,坂道を落ちる運動が,「重さとは無関係であること」,そして,「坂の傾斜を変えても,等加速度運動であるという性質は変わらないこと」を確認した。

そのうえで,ガリレイはこう類推したのである。すなわち,坂道の傾斜をだんだんきつくして,最後には鉛直にしてみよう。こうすれば,金属球の落下は自由落下となる。しかし,その場合でも,前記の二つの性質はそのまま成り立つだろう。つまり,自由落下は等加速度運動であり,それは物体の重さとは無関係である。

これこそまさに,アリストテレスの考えが打ち破られ,自然界の運動に平方数が出現した瞬間だったのだ。

慣性の法則

ガリレイが発見したもう一つの法則は,「慣性の法則」と呼ばれるものであった。「慣性の法則」とは,「外力が働かないとき,物体は永久に静止しているか,永久に等速直線運動をする」というものである。ガリレイは,これを落体法則から次のように推論して導き出した。

まず,鏡のように滑らかな斜面を考える。ここに金属球を置いて手を離すとどうなるか。先ほどの議論から,球は加速しながら下方に動く。では,同じ面上で球を上部にはじいた

らどうなるか。球は昇りながら減速していくだろう。この二つを踏まえると、同じ滑らかな面を水平にして球をはじいたらどうなるだろうか。加速もせず、減速もしないのだから、球は永久に等速直線運動を続けるに違いない。これが、「慣性の法則」と呼ばれるものである。

ここでいう「慣性」とは、物質が自分を同じ運動状態に保とうとする性質のことであり、外力が働かない限りは、物質は慣性のなすがままに運動する、とガリレイは考えたのだ。実はこのことは、ガリレイをその後に歴史的な意味で有名にする「地動説」と大きな関係があった。なぜなら、この「慣性の法則」が「天動説」の打破に利用できるからである。

アリストテレス派は、天動説の有力な根拠として、「もしも、地球が動いているなら、例えば、塔の上から重い物体を落としたとき、真下には落下せず、地球の運動の方向と反対側に少し移動した場所に落ちるはずだ」ということを挙げていた。ガリレイは「慣性の法則」を利用して、これに次のように反論したのである。

塔から物体を落とす人間は地球と同じ方向に同じ速度で動いている。したがって、手から離れた物体は、地球と同じ方向に同じ速度で動こうとする慣性を持っている。だから、地面からこの物体を見上げれば、この物体は真っ直ぐ落ちてくるように見える。そして、物体は手を離した場所の真下に落ちたかのように見えるはずだ。これを宇宙空間で見ている人には、地球の運動方向と同一の方向に物体も進んでいくように見えるだろう。

この事実を実験的に確認するために、ガリレイは次のよう

な「投射体の実験」を行っている（図3—2）。

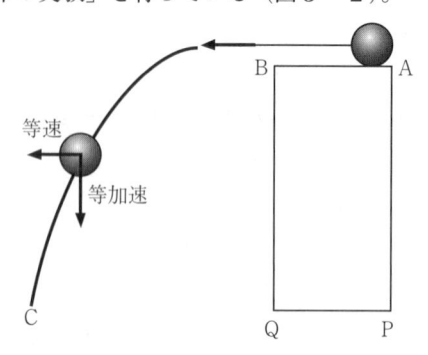

図3—2

すなわち、図の線分 AB（地面と平行）で表される水平の発射台で A から B に向かってはじかれた物体が、B から発射台を離れ、空中に放たれたあと、どのような軌道を描くかを観測したのである。この物体は、水平方向と鉛直方向では全く別の運動を行う。水平方向では、最初の運動の慣性、すなわち、等速直線運動になっており、鉛直方向では自由落下の法則に従う運動となる。実際の運動はこの二種類の運動の合成となっており、t 秒後の水平方向の等速直線運動が

$$x = at$$

で表され、鉛直方向の等加速度運動が

$$y = bt^2$$

で表されるなら、前者を後者に代入すれば、

$$y = \frac{b}{a^2} x^2$$

となるので、放物線が物体の軌道となるのである。このことをガリレイは実験で確認したのだ。

この実験が先ほどのアリストテレス派への反駁になってい

ることがおわかりになるだろうか。

　最初に AP のところにあった塔が，地球と一緒に動いて BQ の位置に来たとき，球が放たれた，と考えてみよう。B の地点で手から離された物体は，この図と同じ軌道を描くだろう。すると，水平方向では地球と同じ等速運動をしているから，物体は常に塔の建っている場所で落下することになる。そして，物体が衝突する地面上の位置 C は，塔の真下ということになるのである。

　この実験は，もちろん，地上で投げた物体は一般的に放物線を描く，ということも証明している。投射体の実験は，地上の運動に放物線が存在する証拠でもある。

　この「慣性の法則」は，次のように解釈することもできる。すなわち，「等速直線運動している世界では，観測点（観測者のいる座標系）によって，動いているようにも，止まっているようにも見える。絶対的な意味で世界が動いているのか止まっているのか，それを実験によって明らかにすることはできない」。これは，後に「相対性原理」と呼ばれるようになる重要な法則だ。なぜなら，これはアインシュタインの相対性理論の土台を成す原理となったからである。これについては，第9章で再論する。

運動エネルギーは速度の2乗

　等加速度運動を発見したガリレイが，それを表現する方法に苦心したことは想像に難くない。なぜなら，等加速度運動とは，ぶつ切り的に速度が変わるのではなく，連続的に速度が変わるからだ。言い換えると，瞬間，瞬間に速度が変わっ

ているからである。

このような性質を持つ等加速度運動を数学的に緻密に記述

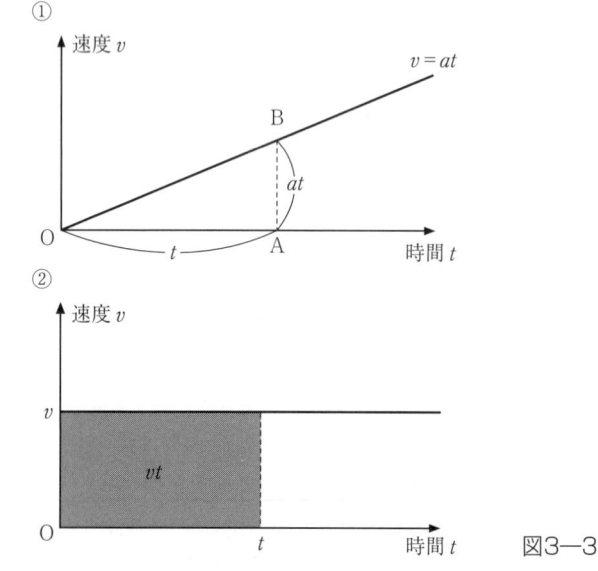

①

速度 v のグラフ、$v = at$ を通る直線。点 A は時間軸上 t、点 B は直線上で、B から A への垂線の長さが at。

②

速度 v が一定値のグラフ。原点 O から時間 t までの長方形の面積が vt。

図3—3

するためには、ニュートンの微分法まで100年近くも待たねばならないが、ガリレイも本質にかなり接近していた。

ガリレイは、坂道を落下する球の t 秒後の速度 v のグラフを、図3—3上のように直線 OB で描いた。

速度が単位時間あたり一定の割合で速くなるのだから、直線で描けるのは当然のことである。

問題は、t 秒間に斜面を進む距離である。ガリレイはこれを次のように考えた。まず、等速運動の場合の図が下側②である。この場合は、

(一定速度 v) × (経過時間 t)

が距離となるから、t 秒間に進む距離 vt は図の「長方形の面積」に表れる。これを参考にすれば、上図①の等加速度運動の場合にも、速度の変化を表す直線 OB と時間軸 OA ではさまれた部分にできる三角形 OAB が落下距離を表すだろうと推測できる。

その証拠に、t 秒後の速度 v が at で与えられる等加速度運動の場合には、三角形 OAB の面積は、

$$（底辺）\times（高さ）\div 2 = t \times at \div 2 = \frac{1}{2}at^2$$

と計算されるので、確かに進行距離が平方数になって、実験結果に整合的である。この結論は、ニュートン以降の微積分学によって緻密に証明されることとなった。

この考えを足がかりにすれば、物理学で最も重要な概念の一つである「エネルギー」に迫ることができる。

ガリレイは、落体運動の分析の中で、「エネルギー」概念にも肉薄していたと考えられている。実際、滑らかな坂道を落下する物体の速度は落下した鉛直距離だけに依存することが実験で確かめられる。つまり、傾斜の度合いが違う坂でも、同じ鉛直距離 h を落ちたあとの物体の速度は同じになるのである。これは、高さ h まで持ち上げられた球に蓄積された「何か活力のようなもの」が、地面に到着したときの速度に転換される、と見なすのが自然な見方であろう。また、速度を持って運動する物体は、衝突によって、ものを動かしたり、穴を開けたりする能力を持っている。このような活力・能力は、その後の物理学では「エネルギー」と呼ばれるようになった。ガリレイは、高いところにある物体のエネルギー

（位置エネルギー）が、落下によって、速度というエネルギー（運動エネルギー）に転換されることを認識していたと推察される。

落体運動から「エネルギー」の概念を抽出するために、再び、等加速度運動の図を使おう。図3—4は、自由落下、すなわち、鉛直方向の落下を表すものである。この場合、速度の変化率を意味する「加速度」は重力加速度と呼ばれる g となる。

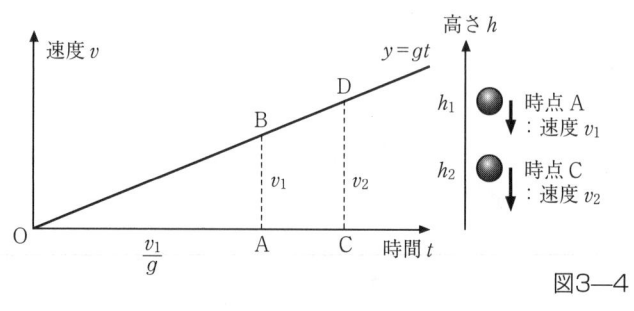

図3—4

t 秒後の速度を v とすると、$v = gt$ であるから、これを速度から時刻を求める式に直すと、

$$t = \frac{v}{g}$$

となる。

先ほど説明した通り、この図では、「落下距離は面積に表れる」のであるから、速度が v_1 となる線分 AB の時刻から、速度が v_2 となる線分 CD の時刻までの落下距離は台形 ACDB の面積である。前者の時点の物体の地面からの高さを h_1、後者の時点の物体の地面からの高さを h_2 とすれば、

$h_1 - h_2 = $（△OCD の面積）－（△OAB の面積）

$$= \frac{1}{2}\frac{v_2^2}{g} - \frac{1}{2}\frac{v_1^2}{g}$$

この式は，高さが低くなった分が速度の2乗の増加（に比例する）量に転換することを意味している。この式の意味を別の角度から見るために，両辺に g を掛け算して移項を行えば，

$$\frac{1}{2}v_1^2 + gh_1 = \frac{1}{2}v_2^2 + gh_2$$

が得られる。これは，（速度の2乗の定数倍）＋（地面からの高さの定数倍）という量はどの時刻でも同じになる，つまり「保存される」ことが示されていると見なせる。これは，速度の2乗に比例する量と高さに比例する量の和が不変に保存されていることを表している。すなわち，落下する物体では，速度の2乗に比例するエネルギーと高さに比例するエネルギーという2種類のエネルギーを持っていて，その和は常に保存されていると解釈できる。これがエネルギー保存則の原型となる見方である。

現代では，上記の式の両辺に物体の質量 m を掛けて，

$$\frac{1}{2}mv_1^2 + mgh_1 = \frac{1}{2}mv_2^2 + mgh_2$$

とし，この等式を「エネルギー保存則」と呼んでいる。すなわち，運動エネルギー $\frac{1}{2}mv^2$ と位置エネルギー mgh の和はどの瞬間にも一定に保存されている，ということである。

ガリレイは，きっとこれに近いことに気がついていたに違いないが，これをきちんと明示したのは，ニュートンと同時期のドイツの数学者ライプニッツであり，完成させたのは

19世紀前半の物理学者コリオリであった。

注目すべきことは、速度の「2乗」が運動エネルギーと呼ばれる量を与えることである。自由落下に「時間の2乗」が現れることは前に述べたが、それが転じて、エネルギーを表す量にも「速度の2乗」が顔を出す、というのはなかなかすごいことである。

ケプラーの法則

ガリレイとほぼ同時期に活躍した天文学者にドイツのケプラーという人がいた。ケプラーこそが惑星の運行法則を発見した偉大な学者なのである。

ケプラーは数学の能力に長けていて、占星術にも興味を持っていた。妻子に不幸があって困窮したケプラーは、天文学者ティコ・ブラーエの下で働くことになった。ティコは、デンマークの王室付きの占星家だったが、その後、プラハの研究所に赴任した。そこに、28歳のケプラーが弟子入りしたのだ。

ティコは、非常に詳細な惑星の観測データを所有していた。ティコの死後、ケプラーはそれらをすべて受け継ぎ、それらから法則を見いだすために、大変な執念をもって複雑な計算に取り組んだ。そして、悪戦苦闘の末に、遂に3つのみごとな法則を発見したのである。それらは現在、ケプラーの第1法則、第2法則、第3法則と呼ばれている。順に解説をしよう。

ケプラーの第1法則は、「すべての惑星の軌道は楕円であり、その楕円の2つの焦点の片方に太陽が位置している」と

いうものである。この第1法則は、惑星の軌道を完全な円だと考えてきたそれまでの天文学の歴史を覆したものであった。

楕円というのは、40ページで解説したように、円錐を（斜めに）切断すると切り口に現れる図形である。アポロニウス

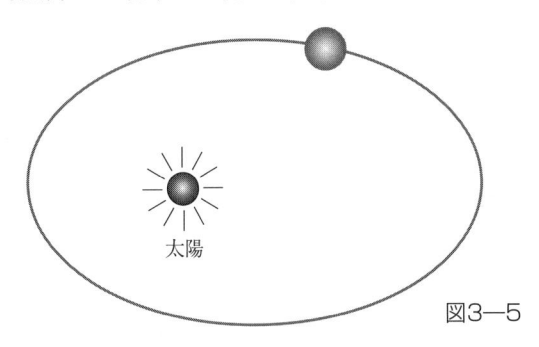

図3—5

の『円錐曲線論』によって、「2つの定点からの距離の和が一定となる点の集合」と特徴付けることができる。この2つの定点が、「焦点」と呼ばれる点となる。つまり、惑星は、このような楕円の曲線の上を運行し、焦点の一方に太陽があって、その太陽の周りをぐるぐる回っている、ということなのである（図3—5）。

楕円を具体的に描く方法は2通りある。

第一の方法は、焦点を利用する方法だ。2つの焦点の位置に釘を立て、2本の釘に紐の両端を結びつける。そして、鉛筆で紐がぴんと張るようにしながら、鉛筆を動かしていくのである（図3—6）。

このようにすると、焦点から鉛筆の芯までの距離の和は常に紐の長さと一致して一定になるから、楕円が描かれること

鉛筆

ぴんと張る　図3—6

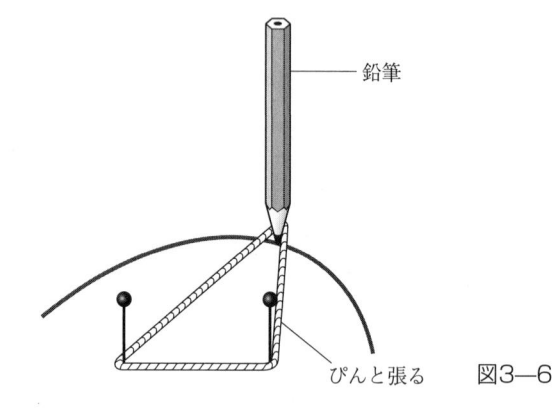

になる。

　もう一つの描き方は，円をゴム板に描いて，ゴムを左右に引っ張って伸ばすという方法だ。このようにすると，左右に長い長円ができるが，まさにこれが楕円となる。

　座標平面における楕円の方程式は既に40ページで紹介したが，もう少し図形的な意味がはっきりする表現をしよう。長径（長い方の半径）を a，短径（短い方の半径）を b とすると，楕円の方程式は，

$$\left(\frac{x}{a}\right)^2 + \left(\frac{y}{b}\right)^2 = 1$$

となる。ちなみに，$a = b = 1$ ならこれは円の方程式である。軌道上の長径の先端（正の側）では，$x = a$, $y = 0$ となっているので，左辺に代入してみると $1^2 + 0^2$ だから確かに足すと1になる。また，短径の先端（正の側）では，$x = 0$, $y = b$ であるから，左辺に代入してみると $0^2 + 1^2$ だから確かに足すと1となってうまくいっている。

この式は，2乗の和で作られていることに注意しよう。宇宙の惑星の軌道は，2乗の式で表されるのである。

次の第2法則は，「太陽と惑星とを結ぶ線分が等しい時間に掃く面積は一定である」というものだ。これは，単位時間の惑星の運行でできる図の扇形の面積がいつでも同じであることを意味し，「面積速度が一定」とも表現される（図3—7）。

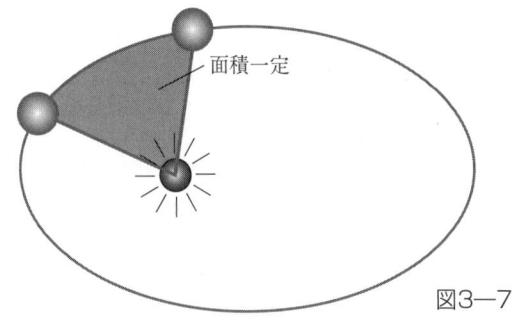

図3—7

また，第3法則は，「惑星の公転周期の2乗と軌道の長径の3乗との比は，すべての惑星で等しい」というものだ。

ニュートンの万有引力

物理学に革命を起こしたのは，間違いなく17世紀イギリスの数学者ニュートンである。ニュートンは，微積分の方法を開発し，それを利用して力学を生み出したのだ。このニュートン力学が，その後の物理学の堅固な土台となったことを疑う人は皆無であろう。

ニュートンは，ガリレイの地上での落体法則や投射体法則と，ケプラーの惑星法則とを統合する原理に気がついた。そ

れらを，1687年の著作『プリンキピア』にまとめたのである。

ニュートンは，まず，「運動の3法則」と呼ばれるものを提示した。第1法則は，ガリレイの「慣性の法則」と同一のものである。第2法則は，「加速度は力に比例する」という原理で，現代的に書けば，「(力) = (質量) × (加速度)」というふうに表される。そして，第3法則は，「作用に対し，反作用は常に逆向きで相等しい」というもので，現在では「作用・反作用の法則」と呼ばれている。

これに，「万有引力の法則」と呼ばれる法則，すなわち，
「2つの物体には引力が働く。その力は，物体の質量の積に比例し，中心間の距離の2乗に反比例する」
というものである。

ニュートンは，これら4個の法則を利用すれば，ガリレイの見つけたすべての法則も，ケプラーの見つけた3つの法則もみんな説明できることを示した。ニュートン以前は，地上は人間界の法則が，宇宙は神の法則が司っていて，別の法則で支配されていると考えられてきたが，どちらも同じ法則から成り立っていることを示し，このような二元論に終止符を打ったのであった。

月が地球に落ちてこない理由

ニュートンが万有引力を発見したのは，1665年あたりとされており，彼は23歳ぐらいであった。この年には，伝染病ペストが大流行し，大学が閉鎖され，ニュートンは故郷に帰って研究に没頭して，いくつもの重要な発見をした。

第3章　ガリレイと落体運動

　ニュートンが，万有引力の法則に気がついたのは，月のことを考えていたからだとされている。それは，次のような素朴な疑問に端を発する。すなわち，
「地上ではどんな物体も地面に落ちるのに，なぜ，月は落ちてこないのだろう」
という疑問である。これに，「地上は人間界，宇宙は神の世界」と答えてしまったらいかなる発見もなされない。ニュートンはこのような検証不可能な二元論を受け入れなかったのが天才たるゆえんなのだ。

　ニュートンは，深い思索の末，次のような答えを与えてみた。
「実は，月も地球に向かって落っこちてきているのだ。ただ，落ちながら前に進むという，うまい落ち方をしているので，地球の周りをぐるぐる回る結果になるのだ」

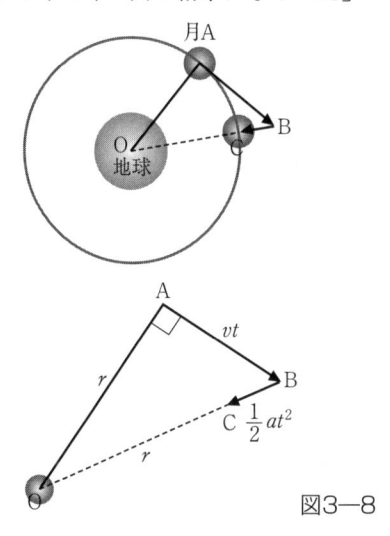

図3-8

そう考えた上で、図3—8のような絵を描き、ガリレイの落体法則と同じ論理を当てはめてみたのである。

月は、地球の周りを半径 r の円を描いて回っている（実際は楕円だが円で近似する）。一周に要する時間（周期）を T とすると、円周（月の軌道）の長さ $2\pi r$ を T で割ったものが、月の速さ v となる。

今、月が点Aにあるとすると、月は速さ v で接線方向に飛んで行こうとする慣性を持っている（慣性の法則）。したがって、慣性だけでなら、微小時間 t の間に点Bまで進むだろう。しかし、他方、月は（ほかのあらゆる物体と同じく）地球に向かって落体運動をするであろう。落体運動は、等加速度運動だから、加速度を a とおけば、地球に向かって $\frac{1}{2}at^2$ だけ引きつけられるだろう（59ページ）。点Bからこの距離だけ地球に近づいた点Cがちょうど円周上（月の軌道上）にあれば、月は円周からはずれないまま地球をぐるぐる回り続けることになるはずである。

つまり、こう考えれば、月も落体法則に従っていながら、実際には地球には落ちてこない理由が説明できることになるのである。

円運動の加速度を求める

ニュートンの偉いところは、この描像を使ってきちんと加速度を計算したところにある。

ここで、三角形OABに注目する。これは角Aが直角の直角三角形である。したがって、第1章のピタゴラスの定理が適用でき、次のようになる。

第3章 ガリレイと落体運動

$$OA^2 + AB^2 = OB^2 \rightarrow r^2 + (vt)^2 = \left(r + \frac{1}{2}at^2\right)^2$$

13ページの公式を使って，右辺を展開してみると，

$$r^2 + v^2t^2 = r^2 + rat^2 + \frac{1}{4}a^2t^4$$

両辺からr^2を引き算する。さらに，tを微小量としていることから，t^4はt^2に比べて無視できるほど小さいことに注目する。実際，$t = 0.1$なら，$t^2 = 0.01$に比べて$t^4 = 0.0001$は100分の1にすぎない。これは，tが0に近ければ近いほどもっと顕著になる。よって，右辺の最後の項は0として消してしまっても影響はないと考える。すると，上の式は，

$$v^2t^2 = rat^2$$

となるので，加速度aを計算すると，

$$a = \frac{v^2}{r} \quad \cdots (*)$$

と求められる。つまり，月が地球に向かって落ちるときの加速度は月が地球を回る速さの2乗を半径で割ったものになる，ということが判明した。

ニュートンが，この右辺から加速度を計算したところ，加速度は地表の加速度g（$= 9.8$）の3600分の1になっていた。一方，月までの距離は地球半径の60倍である。60の平方が3600になることに注目しよう。つまり，月に及ぼされる引力は地表の物体に及ぼされる引力に比べて，地球と月の距離の平方に反比例していることがわかったことになる。

こうして，ニュートンは，万有引力の法則を発見したので

ある。

　ちなみに，円運動の加速度を速度と半径から表す公式（＊）は，第8章のミクロの物理学のところでも活躍するので，記憶に留めておいてほしい。

　ニュートンは，この（＊）式を使って，ケプラーの第三法則を確認したことが想像される。実際，月の周回周期 T は，先ほどの議論でわかるように

$$T = 2\pi r \div v$$

である。これを2乗して（＊）を代入してみると，

$$T^2 = \frac{4\pi^2 r^2}{v^2} = \frac{4\pi^2 r^2}{ar} = \frac{4\pi^2 r}{a}$$

ここで，加速度 a がニュートンの第二法則から地球と月の距離 r の2乗に反比例するなら，加速度 a の逆数 $\frac{1}{a}$ は r^2 に比例する。すると，上式の最後の項は（定数）$\times r^3$ と計算されるから，周期の2乗と半径の3乗が比例することになり，ケプラーの第三法則が地球と月とを含んだ，地球の周りの円軌道でも一般に成立することが確かめられることとなる。

　これで確信を得たニュートンは，このあと，太陽を焦点に置く楕円軌道に関しても，同様の計算を繰り広げ，最終的に自分の4つの法則からケプラーの3つの法則が導けることを確認したと思われる。

　以上で明らかになったように，惑星の運行法則には，「2乗」がことごとく大事な役割を演じているのである。ピタゴラスを真似て，「万物は平方数でできている」とでも主張したくなるというものだ。

[平方数を好きになる問題]

❸

① 平方数を3で割った余りが2になることはないことを示してください。

(ヒント)

自然数は必ず，$3k$ か $3k+1$ か $3k+2$ と書けるので，これらをそれぞれ2乗してみましょう。

② 1, 1, 2, 2, 3, 3, 4, 4 の8個の数字を適当な順序に並べて作った数は，絶対に平方数にならないことを証明してみてください。

(ヒント)

3で割った余りを考えてみましょう。
(解答は234ページ)

第4章
フェルマーと4平方数定理

この章からは，再び，数学に話を戻そう。

本章は，平方数のスーパースターと言っていいピエール・ド・フェルマーの発見についてお話しする。メインの話題となるのは，「2平方数定理」と「4平方数定理」である。「2平方数定理」というのは，「4で割った余りが1であるような素数は，必ず2つの平方数の和で表せる」という定理であり，「4平方数定理」というのは，「すべての自然数は4個の平方数の和で表せる」という定理だ。どちらも，平方数の魅力を世に伝え，また，その後の数論の行方に大きな影響を与えた定理なのである。

数論の祖フェルマー

紀元250年頃のアレクサンドリアのディオファントスが『数論』を書いたあと，本格的に整数の性質を研究したのは17世紀のフランスの数学者ピエール・ド・フェルマーだと言っていいだろう。

フェルマーは，トゥールーズで法律の勉強をして行政官になった。法律の仕事のあいまに数学の勉強をし，当時有数の数学者たちと手紙で交流を重ねた。それゆえ，フェルマーを「アマチュア数学者」と称している本もあるが，その多岐にわたる当時最高水準の業績から考えて，プロの数学者とするほうが適切だろう。

まず，フェルマーは，微分法の原型になる計算法を編み出している。これは，ニュートンとライプニッツの研究を経て，微積分の発見につながった。フェルマーの方法は，無限

小の数(どんな正の数よりも小さいが0ではない数)という ものを使うある種「魔術的」なものであった。「無限小」の 概念は,論理矛盾を孕んでいるように見えるので,当時は批 判にさらされた。しかし,20世紀の数学者たちは超準解析 という方法を編み出して,フェルマーの方法が整合的に展開 できることを示した([14]と[21]参照のこと)。

また,フェルマーは,パスカルとの文通を通じて,確率論 を創始した。パスカルが,社交界で知り合った賭博師メレか ら賭けについての質問を受け,それをフェルマーと議論して 解決する過程で,確率という考え方が構築されたのである。 21世紀現在,確率論は,あらゆる科学分野で不可欠な知見 となっている([8]参照のこと)。

しかし,フェルマーの名を歴史に刻んだのは,数論におけ る輝かしい業績である。フェルマーは,ディオファントスの 『数論』のラテン語訳を読みふけり,自分が発見したことを 本の余白に書き込んだ。この余白の書き込みは,全部で48 個のコメントからなり,彼の死後に息子によって出版され, その後の数学者の知るところとなった。余白に残された数論 に関するこれらのコメントが,その後の数論の発展に大きく 貢献したのである。

フェルマーの小定理

フェルマーの発見は数々あるが,彼の名が冠されているも ので最も有名なのは「フェルマーの小定理」と「フェルマー の大定理」だ。

フェルマーの小定理とは,素数に関する性質を述べたもの

で，以下のように非常にシンプルで美しい定理である。

フェルマーの小定理

p を素数とし，a を p の倍数でない数とすると，
$$a^{p-1} - 1$$
は p で割り切れる。

というものである。

例えば，素数 p を 7 としよう。2 も 3 も 7 の倍数ではないから，それぞれ 6（= 7 − 1）乗して 1 を引くと，
$$2^6 - 1 = 63 = 7 \times 9,$$
$$3^6 - 1 = 728 = 7 \times 104$$
と確かに両方とも 7 の倍数である（ちなみに，フェルマーの小定理は逆が成り立たないから，p が素数かどうかの判定には使えない）。

フェルマーの小定理の証明については，第 5 章のガウスのところ（104 ページ）で解説することにしよう。

フェルマーより 100 年ほど後の 18 世紀スイスの数学者オイラーは，p が素数でない場合にも成り立つように「フェルマーの小定理」を拡張した。それは次のようなものである。

オイラーの定理

n を 2 以上の整数とし，a を n と互いに素な正の整数とする。また，n と互いに素な n 以下の正の整数の個数を m とすると，
$$a^m - 1$$

はnで割り切れる。

ちなみに，nを素数pとすればmはp − 1となるので，この定理はフェルマーの小定理を完全に包含している。

この「オイラーの定理」は，現在，RSA暗号と呼ばれる暗号技術に使われている。RSA暗号は，クレジットカードやインターネットのパスワードなどに用いられる。私たちのクレジットカードやインターネットでの個人情報が守られるのは，さかのぼればフェルマーの小定理のおかげなのである（[8] 参照のこと）。

フェルマーの大定理

フェルマーの余白の48個のコメントの中で，最も有名なのは，第2コメントの「フェルマーの大定理」（「フェルマーの最終定理」と呼ばれることもある）である。

フェルマーの大定理

nを3以上の整数とするとき，
$$x^n + y^n = z^n$$
を満たす自然数 x, y, z は存在しない。

これは明らかにピタゴラス数（第1章，18ページ）の拡張として考えられたものであろう。$x^2 + y^2 = z^2$ の自然数解がピタゴラス数であり，それが無限にあることはギリシャ時代からわかっていた。しかし，フェルマーは，指数を3以上にすると自然数解は全くなくなってしまう，そう予想したのであ

る。

　フェルマーがこの定理を余白に記したとき，「驚くべき証明をみつけたが，それを記すにはこの余白は狭すぎる」と付け加えたために，この定理は一種の「伝説」となってしまった。なぜなら，その後の数学者がこの定理の証明に挑戦し，次々と返り討ちにあったからである。今では，「フェルマーがこの定理を証明できたと言ったのは，何かの勘違いだろう」と多くの数学者が考えている。フェルマーの時代の数学技術とその記号法では，この定理を証明するには力不足と考えられるからである。

　実際，この定理は，350年もの長きにわたって数学者たちの挑戦を退け続けた。この定理が証明されたのは，つい最近，1995年のことである。それは，イギリスの数学者アンドリュー・ワイルズによって成し遂げられた。ワイルズの証明には，第2章の合同数でも登場した楕円曲線と第6章で登場するゼータ関数が総動員される非常に高度なものである。

2平方数定理

　フェルマーほど平方数に興味を抱いた数学者は他にいないだろう。彼は，平方数についての数々の魅力的な法則を発見している。その一つが，7番目のコメントにある「2平方数定理」であった。彼は，素数を平方数2つの和で表そうと試みて，面白い法則に気が付いた。それは，以下のような法則である。

第4章　フェルマーと4平方数定理

> ### 2平方数定理
>
> （i）素数2は，2個の平方数の和で表せる。実際，
>
> $2 = 1^2 + 1^2$
>
> （ii）4で割ると1余る素数は，必ず2個の平方数の和で表せる。例えば，
>
> $5 = 1^2 + 2^2,\ 13 = 2^2 + 3^2,\ 17 = 1^2 + 4^2,$
> $29 = 2^2 + 5^2$
>
> 等々。
>
> （iii）4で割ると3余る素数は，2個の平方数の和で表すことはできない。

フェルマーは，この法則を実験的に発見したに違いないが，「証明できた」とも述べており，そのアイデアを文通していた数学者にしたためている。しかし，フェルマーの述べた方法で実際に厳密な証明を得たのは，それから約100年後の数学者オイラー（第6章）であった。

「2平方数定理」は，18世紀から19世紀に活躍したガウス（第5章）によって，新たな方法で再証明されることになる。それは虚数を利用した証明であった。このことについては，第5章のガウスのところで詳しく解説する。

4平方数定理

平方数についてのフェルマーの発見で，もう一つ重要なものは，18番目のコメントの中の「4平方数定理」である。次のような法則だ。

4平方数定理

すべての自然数は4個の平方数の和で表せる。

ただし，ここでは0も平方数に含める（0を含めない場合には「4個以下」と直せばよい）。それにしても驚くほどシンプルな定理である。小さい自然数について具体的に確かめてみよう。

$$1 = 0^2 + 0^2 + 0^2 + 1^2$$
$$2 = 0^2 + 0^2 + 1^2 + 1^2$$
$$3 = 0^2 + 1^2 + 1^2 + 1^2$$
$$4 = 0^2 + 0^2 + 0^2 + 2^2$$
$$5 = 0^2 + 0^2 + 1^2 + 2^2$$
$$6 = 0^2 + 1^2 + 1^2 + 2^2$$
$$7 = 1^2 + 1^2 + 1^2 + 2^2$$
$$8 = 0^2 + 0^2 + 2^2 + 2^2$$
$$9 = 0^2 + 0^2 + 0^2 + 3^2$$
$$10 = 0^2 + 0^2 + 1^2 + 3^2$$
$$11 = 0^2 + 1^2 + 1^2 + 3^2$$
$$12 = 0^2 + 2^2 + 2^2 + 2^2$$

確かに，ここまでは定理が成り立っているのがわかる。

しかも，よくよく観察してみると，4個の0でない平方数が必要になることは案外少ないことも見て取れる。実際，12以下では7のみが4個の0でない平方数を必要としている。読者の皆さんも，この続きをご自分で試してみて，「確かにみな4個の平方数で足りそうなこと」と「4個の0でない平

方数が必要となるのはけっこう稀なこと」をご確認いただきたい。

この4平方数定理は，余白のコメントとは別に，フェルマーの手紙にも現れている。彼は1659年8月にカルカヴィに宛てた一種の遺書のようなものに，数論の発見をいろいろ書き残している。その手紙には，この定理をあたかも証明できたかのような記述がある。しかし，証明自体は手紙の中には書かれていなかった。

フェルマーより約100年後のオイラー（第6章）は，フェルマーが遺した定理を次々と証明したが，この4平方数定理には相当てこずり，結局は，完全な証明を得ることができなかった。オイラーのアプローチを完成に導いたのは，少し後の数学者ラグランジュで，1772年のことであった。

ラグランジュの証明のアウトラインを記してみよう。

ステップ ❶

4個の平方数の和で表すことのできる2数の積は，やはり4個の平方数の和で表せる。したがって，すべての自然数は素数の積で表せるから，すべての素数が4個の平方数の和で表せることを示せばいい。

ステップ ❷

素数2は上記のように4個の平方数の和だから，すべての奇数の素数が4個の平方数の和であることを表せることを示せばよい。

ステップ ③

p を奇数の素数とする。すると，p の倍数 pm で

$$1 \leq m < p$$

を満たすものの中に，4個の平方数の和で表せるものが存在する（実際は，3個の平方数の和で表せる）。

次のステップが最も奇抜なものであり，証明のキモとなる。

ステップ ④

ステップ3で，p の倍数 pm（$1 \leq m < p$）の中に，4個の平方数の和で表せるものが存在することが示された。そこで，このような m のうち最小の数を m_0 としてみよう。ここで $m_0 > 1$ を仮定すると，m_0 より小なる m（$1 \leq m < m_0$）で，pm が4個の平方数の和で表せるものが構成できることが示せる。これは m_0 の最小性に反するので，$m_0 = 1$ でなければならないとわかる。つまり，すべての奇数の素数 p は4個の平方数の和である（詳しくは［5］参照）。

非常にアクロバットのような証明でびっくりしたと思うが，以下にもっと直観に訴える証明の道筋を2つほど紹介するので，気にせずに読み進んでほしい。

筆者は，実は，大のフェルマーファンである。中学生のときに，「2平方数定理」「4平方数定理」「フェルマーの小定理」「フェルマーの大定理」などに触れて，心が震えるほど感動したものであった。あれから既に40年の歳月が流れて

第4章 フェルマーと4平方数定理

いるが、今でも、そのときの気持ちが生々しさをもってよみがえってくる。

母関数による別証明

4平方数定理の重要性は、定理のシンプルな美しさにもあるが、その後の数学を変革した力にもあると言っていい。

一般的に、数学の定理あるいは予想の重要性は、それが数学そのものを発展させる潜在能力で測ることができるだろう。その定理や予想を証明するために、新しい数学的な手法や概念や世界観が生み出されてこそ、それらの存在価値が高いと言えるのである。

4平方数定理は、その後少なくとも2回、全く新しい方法で再証明されている。一つは、母関数という技術を使う方法、もう一つはp進数という新しい数空間を使うものである。この二節では前者を、そのあとの節で後者を解説することにしたい。

母関数とは、数列に関する等式を、多項式を使って一気に証明する技術だ。最初にこれを用いたのは、18世紀のド・モアブルとのことである（ド・モアブルについては、第7章の統計学のところで触れる）。母関数を理解するために、まずは非常に簡単な計算からスタートしよう。

$$(x+1)^2 = x^2 + 2x + 1$$

は、13ページで紹介した展開公式の応用（$y=1$とおいた）だが、ここでxの係数に出てくる「2」の意味を考えよう。この計算をもっと細かく書くと、

$$(x+1)(x+1) = x \cdot x + x \cdot 1 + 1 \cdot x + 1 \cdot 1$$

83

となる。ここで，x と1との積が2回出てくる。前者のカッコから x を選び後者から1を選んだ場合と，前者のカッコから1を選び後者から x を選んだ場合だ。2個出てくるから，

$$x + x = 2x$$

となって，x の係数が2となるのだ。

母関数の技術は，このような「展開した際に，その単項式が何回出てくるかが，その単項式の係数に表れる」という性質を利用するのである。例えば，次の展開を眺めてみよう。

$$(x + x^2 + x^3 + x^4)(x + x^2 + x^3 + x^4)$$
$$= 1x^2 + 2x^3 + 3x^4 + 4x^5 + 3x^6 + 2x^7 + 1x^8$$

（第1章，12ページの1111 × 1111の結果と見比べてみると面白いだろう）。この係数は，それぞれ何を意味するだろうか。x^2 の係数が1であることは，左辺を展開計算した際に x^2 が1個しか出てこないことを意味する。実際，両方のカッコの中の x を掛けたときだけ x^2 ができる。また，x^3 の係数の2は，展開計算で x^3 が2個現れることを意味する。しかもそれは，「自然数3が，1から4までの自然数2個の和で何通りに表せるか」ということを教えてくれるのである（ただし，足し算の順序を逆にしたものは別物と数える）。具体的には，3を1から4までの自然数の和で表すには，

$$3 = 1 + 2, \ 3 = 2 + 1$$

の2通りある。この「2」が係数の2と一致しているのである。

このことを理解してもらうために，x^5 の係数4を使って詳しく説明しよう。

まず，「x のべき乗を掛け合わせると，指数では足し算が

第4章 フェルマーと4平方数定理

なされる」といういわゆる指数法則を確認する。それは、次の計算を眺めれば、すぐ納得できるだろう。

$$x^2 x^3 = (xx)(xxx) = xxxxx = x^{2+3}$$

このことを理解すれば、展開計算の中でx^5が現れる場合は、左のカッコの中のxのべき乗と右のカッコの中のxのべき乗とで、それらの指数の和がちょうど5になるものを掛け合わせた場合であるとわかる。これは以下の4通りである。

$$xx^4 = x^{1+4}, \ x^2 x^3 = x^{2+3}, \ x^3 x^2 = x^{3+2}, \ x^4 x = x^{4+1}$$

そしてこれは、「自然数5が1から4までの和として、4通りで表される」こととと全く意味が同じである。すなわち、

$$5 = 1 + 4 \qquad 5 = 2 + 3 \qquad 5 = 3 + 2$$
$$5 = 4 + 1$$

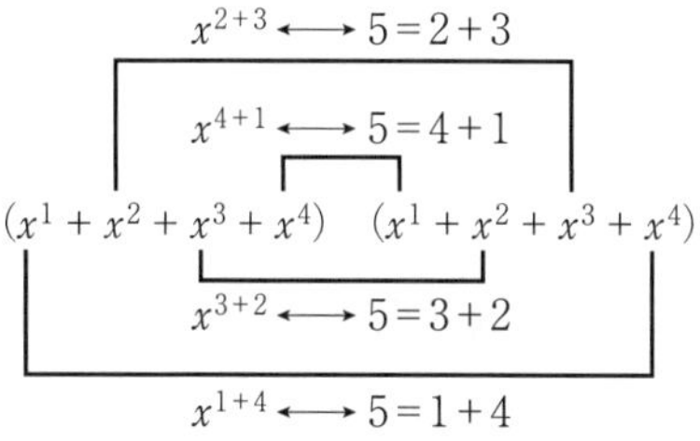

```
              x^{2+3} ⟵⟶ 5=2+3
            ┌─────────────────┐
              x^{4+1} ⟵⟶ 5=4+1
            │   ┌─────────┐   │
(x^1 + x^2 + x^3 + x^4) (x^1 + x^2 + x^3 + x^4)
            │   └─────────┘   │
              x^{3+2} ⟵⟶ 5=3+2
            └─────────────────┘
              x^{1+4} ⟵⟶ 5=1+4
```

図4—1

以上から、「展開式の中のx^5の係数」を見れば、「5が1から4までの和で何通りに表されるか」がわかる、ということがはっきりしただろう。

このように、多項式の積を展開したx^kの係数には、「与えられた数の和によってkを何通り作れるか」が現れるのである。

85

4平方数定理の母関数による証明

この性質を利用することで、4平方数定理に別証明を与えることができる。具体的には、次の式（無限次数の多項式）を持ち出せばよい。

$$x^0 + x^1 + x^4 + x^9 + x^{16} + \cdots$$

ここで、x^0 は1と定義されるが、指数計算を見やすくするため、わざと1と記さずに x^0 と記している。足し算されている x の指数がすべて平方数であることを観察してほしい。4平方数定理では、平方数を4個足し算するので、この多項式を4個掛け算した式を作ればいい。これは、以下の通りである。

$$\begin{aligned}
&(x^0 + x^1 + x^4 + x^9 + x^{16} + \cdots)^4 \\
=\ &(x^0 + x^1 + x^4 + x^9 + x^{16} + \cdots) \\
&\times (x^0 + x^1 + x^4 + x^9 + x^{16} + \cdots) \\
&\times (x^0 + x^1 + x^4 + x^9 + x^{16} + \cdots) \\
&\times (x^0 + x^1 + x^4 + x^9 + x^{16} + \cdots) \quad \cdots ①
\end{aligned}$$

この式を展開するとき現れる x^k の指数 k は、平方数4個を加えたものばかりとなる。だから、この式を展開して整理したとき、ある x^k が現れるなら、その自然数 k は4個の平方数の和となる。そして、ある x^k が現れないなら、その自然数 k は4個の平方数の和では表せない。

例えば、実際に計算してみると、この展開式の中には x^6 の項は現れる。最初のカッコから x^0 を、2個目と3個目のカッコから x^1 を、4個目のカッコから x^4 を選んで掛け合わせてできる項に

第4章　フェルマーと4平方数定理

$$x^{0+1+1+4} = x^6$$

が出てくる。これによって，

$$6 = 0^2 + 1^2 + 1^2 + 2^2$$

と表せることがわかる。

したがって，4平方数定理を証明するためには，①の式を展開したときすべての自然数nについてx^nの項がもれなく現れることを証明すればいいのである。

この方針での証明に成功したのが，19世紀ドイツの数学者ヤコビであった。といっても①のままでは証明できない。なぜなら，この無限次数の多項式がなんら良い性質を持っていないからである。ヤコビは，この式のxに$e^{\pi i z}$を代入して，

$$e^0 + e^{\pi i z \times 1} + e^{\pi i z \times 4} + e^{\pi i z \times 9} + \cdots$$

というzの関数を作った。これはテータ関数と呼ばれ，$\theta(z)$という記号で書かれる（ここにeやiなどの見慣れない記号が現れるが，これは後の章で解説されるので，今は気にしなくてよい）。

ヤコビは，このテータ関数$\theta(z)$を4乗したものを計算して，どの自然数kについても$e^{\pi i z \times k}$の係数が正であること（具体的には8以上であること）を証明したのである。これは①で言えば，どの自然数kについてもx^kの係数が正であることを証明したことと同じである（[9]参照）。

このような母関数による証明法は，その後，さまざまな分野で利用されるようになる。数学ばかりでなく，統計学や物理学にも応用されている。母関数は，「無限個の数をいっぺんに並べ変える」ような仕組みなので，さまざまな分野で有効なのである。また，このヤコビのテータ関数は，「保型形

式」と呼ばれる数学分野の先駆けとなる研究となった。

10進法と2進法

4平方数定理にさらなる別証明が与えられたのは20世紀に入ってからのことだ。それはp進数という全く新しい数世界が利用される。ここで、pとは素数一般のことである。

p進数を理解するために、まず、10進法以外の数の表し方、2進法などをおさらいしておこう。

現在利用されている10進法は、10倍ずつの数（と10分の1ずつの数）を基準に数を表すものである。例えば、312という数は、基準の数100、10、1に対して、「100が3個と10が1個と1が2個を合計したもの」ということを意味する。すなわち、

$$312 = 3 \times 100 + 1 \times 10 + 2 \times 1$$
$$(= 3 \times 10^2 + 1 \times 10^1 + 2 \times 10^0)$$

ということである。基準の数が10倍ずつのものを使うので、10個集まると次の基準数になるから、表記のための数字は0～9の10個しか必要ない。

私たちが10進法を利用するようになったのは、人類の手の指の本数が10本だから、という仮説が有力である。しかし、用途に応じて別の記数法も併用されてきた。例えば、時刻には24進法や60進法が利用されている。また、ダースは12進法である。

とりわけ注目すべきなのは、コンピューターに用いられる2進法である。2進法とは、2倍ずつの数、すなわち、1、2、4、8、16、32、…を基準の数（コンピューターにちな

んでビット数と呼ばれる）として使う。例えば，26 は

$$26 = 1 \times 16 + 1 \times 8 + 0 \times 4 + 1 \times 2 + 0 \times 1$$
$$(= 1 \times 2^4 + 1 \times 2^3 + 0 \times 2^2 + 1 \times 2^1 + 0 \times 2^0)$$

と表せるから，2進法では11010$_{(2)}$ と記される。2進法が便利なのは，使う数字が1と0の2種類だけだからである。このため，電気のオンを1にオフを0に対応させれば，電気的に記録することが可能となる。これがコンピューターの成功の理由となった。

数論の立場からいうと，2進法で表すことは，「割った余り」についてわかりやすくしてくれる。例えば，26を2進法で表したもの11010$_{(2)}$ の末尾が「0」であることから26を2で割った余りが0であることがわかる。また，末尾2ケタが「10」であることから，26を4で割った余りが2であることがわかる。なぜなら，2進法で表した左から3番目以上の基準の数（4，8，16，…）はすべて4の倍数であるから，4で割った余りは末尾2ケタの「10」を10進法で表した2となるからである。同様にして，末尾3ケタが「010」であることから，26を8で割った余りが2であることがわかる。

p 進数とは何か

さて，それでは p 進数の解説に進むとしよう。p 進数は p 進法を拡張した概念だ。p 進法は，10進法や12進法のように，p が2以上の整数なら必ず定義できるが，p 進数というのは p が素数のときだけに定義される。2進数，3進数，5

進数,7進数…といった具合である。ここでは,7進数を例にとって解説することにしよう。

まず,結論を先に言ってしまうと,7進数とは,7進法表現を無限の先まで延長することを可能にしたものである。

まず7進法を再確認しよう。7倍7倍になる基準の数1,7,49,343,…に対して,0〜6の数字を利用して,
$$3 \times 1 + 1 \times 7 + 2 \times 49$$
$$(= 3 \times 7^0 + 1 \times 7^1 + 2 \times 7^2)$$
のような計算で作るのが,通常の7進表現である。ちなみに7進法で表現するならこれは,
$$213_{(7)}$$
と書かれるのだが,これからやることの都合上,逆向きに記したのである。

このようにすれば,すべての整数を作ることができる。では,7進数はこれとどう違うのか。7進数では,このような7進法の整数だけでなく,
$$\alpha = 3 \times 1 + 1 \times 7 + 2 \times 49 + 6 \times 343 + \cdots$$
$$(= 3 \times 7^0 + 1 \times 7^1 + 2 \times 7^2 + 6 \times 7^3 + \cdots)$$
のように,無限に長い足し算で作られる数も数として認めるのだ。このように,整数をすべて含み,もっと広い数世界を作ったものが7進数なのである。これは,7進数の表現で書くには,通常の7進法とは逆向きに数字を書いていかねばならず,次のように表現することにしよう。
$$\alpha = {}_{(7)}3126\cdots\cdots$$
こう聞くと,読者は「それじゃ,この数は,無限大の大きさになってしまうじゃないか」と首を傾げることだろう。も

第4章　フェルマーと4平方数定理

っともな疑問である。しかし，このαは無限の大きさにならず有限の大きさの数になる，ということを今から説明しよう。

まず，第1章の23ページで解説した「無理数を小数で表現する方法」を復習することにしよう。そこでは2の正の平方根$\sqrt{2}$の小数表示を得るために次のような作業を行った。

ステップ ①　整数部を決める

2が$1^2 = 1$と$2^2 = 4$の間にあるから，1.×××と決まる。

ステップ ②　小数第1位を決める

2が$1.4^2 = 1.96$と$1.5^2 = 2.25$の間にあるから，1.4×××と決まる。

ステップ ③　小数第2位を決める

2が$1.41^2 = 1.9881$と$1.42^2 = 2.0164$の間にあるから，1.41×××と決まる。

以下同様にして，小数表示を

　　　1.×××→ 1.4×××→ 1.41×××→ 1.414×××→ 1.4142×××→ ⋯

と1ケタずつ決定していった先に，幻のように浮かび上がる数が$\sqrt{2}$それ自身だ，ということなのである。このことは，10分の1ずつになる基準の数1，0.1，0.01，0.001 ⋯を利用した次のような無限の和を決定することと同じだと見直すことができる（無限和については，第6章も参照のこと）。

$$1 \times 1 + 4 \times 0.1 + 1 \times 0.01 + 4 \times 0.001$$
$$+ 2 \times 0.0001 + \cdots$$
$$(= 1 \times 10^{0} + 4 \times 10^{-1} + 1 \times 10^{-2} + 4 \times 10^{-3} + \cdots)$$

この数がどうして一つの数（$\sqrt{2}$とおぼしき数）を決定するのかを図で理解してみることにしよう。

図4—2を見ながら読んでほしい。

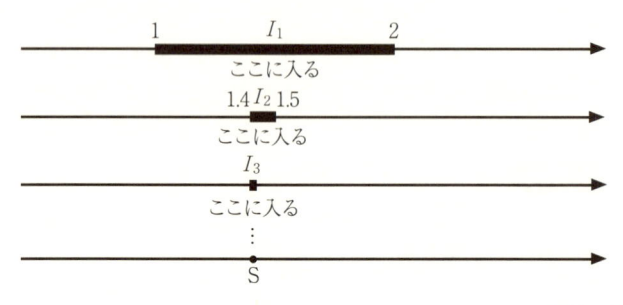

図4—2

1以上2以下の区間をI_1と書くことにしよう。$\sqrt{2}$が1.×××と決まることは、この数が幅1の区間I_1に入ることを意味する。次に、1.4×××と決まることはI_1を10等分した幅$\frac{1}{10}$の区間のうち5番目の区間I_2に入ることを意味している。そして、1.41×××と決まることは、I_2を10等分した幅$\frac{1}{100}$の区間のうち2番目の区間I_3に入ることが決まることを意味している。

以下同様に続けていけば（幅が10分の1ずつになる）、どんどん狭くなる区間の中に$\sqrt{2}$が位置づけられることになり、これは「ある1点S」を幻のように浮かび上がらせるだろう。この位置Sに存在する数が$\sqrt{2}$だというわけなのだ。

7で割り切れるほど近くなる

以上の$\sqrt{2}$の図形的位置づけと同じ方法を使って、7進数

第4章 フェルマーと4平方数定理

の説明を行おう。7進数の世界では、7進距離と呼ばれる通常と別種の「距離」が定められている。それは次のようなものである。

> ### 7進距離
>
> 2つの整数xとyの距離は、$x-y$が7でぴったり1回割り切れるとき$\frac{1}{7}$であり、ぴったり2回割り切れる（7^2でぴったり割り切れる）とき$\frac{1}{49}$であり、ぴったり3回割り切れる（7^3でぴったり割り切れる）とき$\frac{1}{343}$である。一般には、7でぴったりk回割り切れる（7^kでぴったり割り切れる）とき$\frac{1}{7^k}$である。このような距離を7進距離という。

例えば、17と3は、$17-3=14$が7でぴったり1回割り切れるので17と3の7進距離は$\frac{1}{7}$ということになり、52と3は$52-3=49$が7でぴったり2回割り切れるので、52と3の距離は$\frac{1}{49}$であり、という具合である。つまり、7進距離は「その差が、7で何回も割り切れるほどに近い数になる」、そういう（普通とは別種の）距離感を表現したものなのである。

7進距離では、$7 \to 49 \to 343 \to \cdots$と7のべき乗を進めていくと、通常の整数の意味では大きくなっていくが、7進距離の意味ではどんどん0に近づいていく。つまり、→の先にはぼんやりと0が浮かびあがるのである。

ちなみに、なぜこれが「距離」と呼ばれるかというと、「xとyの距離とyとzの距離を加えたものは、xとzの距離以

上である」という、いわゆる「三角不等式」が成り立つからだ。「三角不等式」は、「曲がっていくより真っ直ぐいくほうが近い」という私たちの生活実感を数学的に述べたものである（[10] 参照）。

7進数の中での2の平方根

このような7進距離を導入すると、さきほど定義した「無限和」

$$\alpha = 3 \times 1 + 1 \times 7 + 2 \times 49 + 6 \times 343 + \cdots$$
$$(= 3 \times 7^0 + 1 \times 7^1 + 2 \times 7^2 + 6 \times 7^3 + \cdots)$$

は、「7進数での2の平方根」を意味していることがわかる。つまり、この無限和をどんどん先まで足し合わせていくと、幻のように「7進数での2の平方根」が浮かびあがるのである。どうしてか。

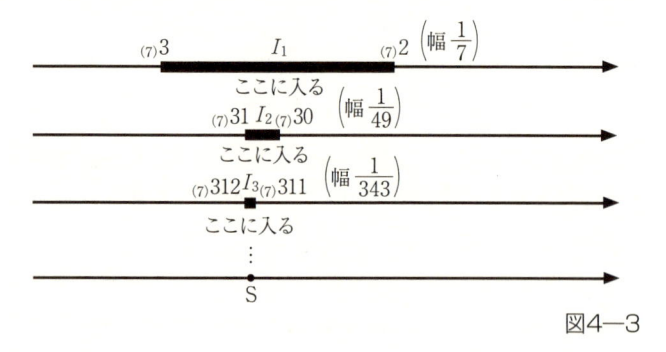

図4—3

αの最初の部分は、$3 \times 1 = 3$である。この3を2乗したものと2との7進距離を調べてみよう。2数の差は

$$3^2 - 2 = 7$$

第4章　フェルマーと4平方数定理

で，7でぴったり1回割り切れるので，3を2乗したものと2との7進距離は$\frac{1}{7}$となる（αは図の幅$\frac{1}{7}$の区間I_1に入る）。

次にαの和の2番目までを計算してみると，

$$3 \times 1 + 1 \times 7 = 10$$

である。この2乗と2との7進距離を調べてみると，

$$10^2 - 2 = 98$$

が，7でぴったり2回割り切れるので，10を2乗したものと2との7進距離は$\frac{1}{49}$となる（αは図の幅$\frac{1}{49}$の区間I_2に入る）。

同じように，αの3番目までの和

$$3 \times 1 + 1 \times 7 + 2 \times 49 = 108$$

についてもやってみると，

$$108^2 - 2 = 11662$$

は，7でぴったり3回割り切れるので，108を2乗したものと2との7進距離は$\frac{1}{343}$となる（αは図の幅$\frac{1}{343}$の区間I_3に入る）。

このように，αは先のほうまで計算すればするほど，その2乗は7進距離において2と近くなっていっている。つまり，αは，

$$3 \to 10 \to 108 \to \cdots$$

というふうに数を積み重ねながら，だんだん「7進世界での2の平方根」を（図の中の一点Sとして）幻のように浮かびあがらせていく，と考えられるのである。このような作業は，前々節で$\sqrt{2}$の位置を定めた作業と同等の作業と考えることができる。αのような「無限ケタの7進数」をすべて集

95

めた数空間は，7進距離をものさしとして，2の平方根を含んだ世界だということになる。

4平方数定理とp進数

以上，p進数というのが，p進法の数を無限に長くしたものであること，そして，p進距離をものさしに使うことによって，実数と同じような世界を作っていることを説明した（ただし，ここで説明したのは，厳密にいうとp進整数と呼ばれるものである）。

加藤・黒川・斎藤『数論Ⅰ』（岩波書店）には，この数世界について次のような印象的な記述がある。

「数とは実数のことだと考えてきた数学の長い歴史から考えると，p進数という数の世界があることに比較的最近気付いたばかりの私達は，昼の空しか見たことがなかった人が夜の空を眺めて驚いている状態に似ていると言えよう。そこには昼とは全く異なる数学の景色がある。（中略）。夜空において宇宙の遠くが見えるように，p進数の世界を通して深い数学の景色が見え始めている」

p進数という数世界を導入したのはドイツの数学者ヘンゼルで，1897年のことである。しかし，p進数はしばらくの間，その重要性が認められなかった。1921年にヘンゼルの弟子であるハッセが次の原理を発見したことによって，p進数は大切な数学概念であることが浸透したとのことだ。

ハッセの原理

有理数のことは，有理数を実数の世界に埋め込んで考

え、それだけでなくさらに、すべての素数 p について、有理数を p 進数の世界に埋め込んで考えることでわかるようになる。

このハッセの原理の一例として、次のハッセの定理がある。

ハッセの定理

$f(x_1, x_2, \cdots, x_n)$ を有理数係数の多項式で2次以下のものとする。このとき、
$$f(x_1, x_2, \cdots, x_n) = 0 \quad \cdots ②$$
を満たす有理数 $x_1, x_2, \cdots, x_n$ が存在することは、②を満たす実数 $x_1, x_2, \cdots, x_n$ が存在し、かつ、すべての素数 p について②を満たす p 進数 $x_1, x_2, \cdots, x_n$ が存在することと同値である。

つまり、有理数を係数としたある2次の方程式が有理数の世界に解を持つかどうかは、それが実数の世界に解を持っており、さらに、すべての p 進数の世界に解を持っているかどうかからわかる、ということなのである。有理数解のあるなしを調べるために、素数 p から生み出される数世界すべてを利用できるわけだから、これは強力な助っ人となることは間違いない。

4平方数定理も、このハッセの原理によって、全く新しい証明が与えられることになった。そのアウトラインを書いてみよう。

まず、どんな整数 a が3つの平方数の和で表せるか、について調べる。

ステップ ❶

整数 a について、2次式
$$f(x_1, x_2, x_3) = x_1^2 + x_2^2 + x_3^2 - a = 0$$
が整数解を持つ（すなわち、a が3つの平方数の和で表せる）ならば、$(-a)$ が2進数の世界では平方数でない（ここにハッセの定理が使われる）。

ステップ ❷

a が自然数で、$(-a)$ が2進数で平方数なのは、a が（4のべき乗）×（8で割ると7余る数）と表せる場合のみである。

ステップ2で、自然数 a が（4のべき乗）×（8で割ると7余る数）という形の数でなければ3個の平方数の和であることが明らかになった。

つまり、（4のべき乗）×（8で割ると7余る数）という形という稀な自然数を除いては、4平方数定理が証明されたわけである。しかも、4個の平方数は必要なく3個で十分であることまでもわかってしまった。先ほど述べたように、4個の0でない平方数を要する数が稀なのは、このような理由によるのだ（7がその最初のものであったことを確認しよう。7は実際、8で割ると7余る数である）。

ここまでくれば、4平方数定理を完成することは簡単である。

第4章　フェルマーと4平方数定理

ステップ ❸

a を（4のべき乗）×（8で割ると7余る数）という形の自然数とする。このとき，$a-1$ は，（4のべき乗）×（8で割ると7余る数）という形の数でない。したがって，3個の平方数の和で表すことができる。それを

$$a - 1 = x_1^2 + x_2^2 + x_3^2$$

とすれば，明らかに，

$$a = 1 + x_1^2 + x_2^2 + x_3^2$$

となる。

このように，4平方数定理は，すべての素数 p に対する p 進数の世界で分析することによって別証明が与えられることとなった。最初のラグランジュによる証明は，非常に技巧的で，名人芸のようなものであったが，この別証明は「ハッセの原理」という数論全体を貫く思想のようなものを利用した深遠な見方によるものだということができよう。数学の進歩を生み出すのは，「ハッセの原理」のように，新しい空間を生み出し，その新しい空間が非常に優れた性質を備え，これまでの人間の知見を大きく広げるときなのである。

［平方数を好きになる問題］
❹

$3^a + 3^b$（a, bは自然数）の形で書ける平方数について考えましょう。

① $3^a + 3^b$ の形で書ける平方数を一つ見つけてください。

② $3^a + 3^b$ の形で書ける平方数が無限にあることを証明してください。

> **ヒント**
>
> ①の数に 9^k（kは自然数）を掛け算してみましょう。
> （解答は235ページ）

第5章

ガウスと虚数

フェルマーの発見した数々の平方数の魅力的な性質をきちんと証明し，さらに興味深い性質を導き，それらを通じて数論に新しい世界観をもたらしたのはガウスである。

ガウスは，フェルマーの2平方数定理を，複素整数（虚数の中の整数）の世界で再論した。さらには，平方数を素数で割った余りにある数が現れるかどうかについて深く考察した。

例えば，2は平方数を7で割った余りとして現れる。実際，$3^2 = 9$を7で割ると余りは2である。しかし，平方数を11で割った余りの中には現れない。そして，これについて「平方剰余相互の法則」という画期的な定理を証明したのである。本章では，これらのガウスの業績についてまとめてみたい。

天才ガウス

ガウスは，1777年にドイツのブラウンシュバイクで石切り職人の息子として生まれた。家庭は，決して裕福とは言えなかった。

ガウスは幼少の頃から，その天才性を発揮していた。10歳のとき，先生が出した「1から100まで足しなさい」という問題を数秒で答えた，というエピソードはあまりに有名である。

18歳のときに，ギリシャ以来2000年以上の難問であった「コンパスと定規だけで作図できる正多角形」について，完全な解決を与えた。とりわけ，辺の数が素数の場合では，正

3角形，正5角形の次に作図できるものが，正17角形であることを発見したのは画期的であった。また，「代数学の基本定理」(後の節で解説する) を証明したのが22歳，博士号をとった論文であった。

その後も，数々の業績を残して，アルキメデスやニュートンと並び称される有史以来最高の数学者と呼ばれることになる。例えば，天文台の台長に就任しているとき，統計学で重要な道具となる正規分布 (ガウス分布) や最小2乗法を発見した (これは，第7章で解説する)。また，測地学の研究から微分幾何という新しい幾何学を作り出した。さらには，物理学でも磁気の研究で成果を残している。そうしたたくさんの業績の中でも，とりわけ，数論での研究は華々しい。

合同式

ガウスは，「合同式」という新しい表記法を開発して，数論の研究をやりやすくした (第2章で出てきた合同数とは異なる概念)。2以上の整数 m と整数 a，b に対して，$a - b$ が m で割り切れるとき，

$$a \equiv b \pmod{m}$$

と記す。読み方は，「a と b は，m を法として合同」である。例えば，$10 - 4 = 6$ は3で割り切れるので，

$$10 \equiv 4 \pmod{3}$$

と記すことができる。これは，10も4も3で割ると余りが1であるから，引き算すれば3の倍数になることを意味する。つまり，

$$a \equiv b \pmod{m}$$

103

は，「a と b を m で割った余りが一致する」ことを簡単に表した表記なのである。また，このことから，どんな a についても，$0 \leq r \leq m-1$ を満たす唯一の整数 r に対して，

$a \equiv r \pmod{m}$

となることもわかる。実際，r は a を m で割った余りとすればいい。例えば，任意の整数 x に対して

$x \equiv 0 \pmod{3}, x \equiv 1 \pmod{3}, x \equiv 2 \pmod{3}$

のいずれかが成り立つ。

合同式には，次のような優れた性質がある。

(ⅰ) 法が同一の合同式同士は足し算・引き算・掛け算・べき乗ができる。

すなわち，$a \equiv b \pmod{m}$，$c \equiv d \pmod{m}$ ならば，以下の式が成り立つ。

$a + c \equiv b + d \pmod{m}$,
$a - c \equiv b - d \pmod{m}$,
$ac \equiv bd \pmod{m}$, $a^k \equiv b^k \pmod{m}$

(ⅱ) 法の数と互いに素な数でなら割り算していい。すなわち，m と c が互いに素のとき，

$ac \equiv bc \pmod{m}$ ならば，$a \equiv b \pmod{m}$

これらの性質を使うと，第4章で紹介したフェルマーの小定理

フェルマーの小定理

p を素数とし，a を p の倍数でない数とすると，

$a^{p-1} - 1$

は p で割り切れる。

第5章　ガウスと虚数

が次のように証明できる。

　$p = 7$ の場合で具体的にやってみる。まず，7の倍数でない任意の a に対し，その1倍から6倍までを並べて，

$$a,\ 2a,\ 3a,\ 4a,\ 5a,\ 6a\ \cdots (*)$$

という6個の数を作ろう。次にこれらの数と7を法として合同な1から6までの整数を見つける。例えば，$a = 3$ のときは，（*）のそれぞれの数を7で割った余りを求め，

$$a \equiv 3,\ 2a \equiv 6,\ 3a \equiv 2,\ 4a \equiv 5,$$
$$5a \equiv 1,\ 6a \equiv 4 \pmod{7}$$

となる。右辺には1から6までがちょうど一回ずつ現れた。なぜだろうか。理由は簡単である。例えば，$2a$ と $5a$ は7を法として合同にはなり得ない。もしも，合同なら，

$$5a \equiv 2a \pmod{7}$$

に対して，性質（ⅰ）から，

$$5a - 2a \equiv 2a - 2a \pmod{7}$$

が得られ，

$$3a \equiv 0 \pmod{7}$$

となる。すると，性質（ⅱ）から両辺を3で割って，

$$a \equiv 0 \pmod{7}$$

となってしまうが，これは a が7の倍数となってしまって矛盾だからである。

　以上によって，（*）の6つの数と法7で合同な数には，結局，1，2，3，4，5，6がそれぞれ一回だけ現れることになる。このことから，（ⅰ）を利用すると，

$$a \times 2a \times 3a \times 4a \times 5a \times 6a$$
$$\equiv 1 \times 2 \times 3 \times 4 \times 5 \times 6 \pmod{7}$$

ということがわかる。これは，
$$1 \times 2 \times 3 \times 4 \times 5 \times 6 \times a^6$$
$$\equiv 1 \times 2 \times 3 \times 4 \times 5 \times 6 \pmod{7}$$
であるから，(ⅱ)によって，両辺を $1 \times 2 \times 3 \times 4 \times 5 \times 6$ で割り算すれば，
$$a^6 \equiv 1 \pmod{7}$$
が得られる。ここで合同式の定義に戻れば，この式，$a^6 - 1$ は7で割り切れる，ということを意味している。これでフェルマーの小定理が証明された。

このようにガウスの発明した合同式は非常に便利なツールである。

平方剰余の研究

ガウスは，合同式で表現される次のような2次方程式を考察した。
$$x^2 \equiv a \pmod{p} \quad \cdots ①$$
整数 a と奇素数 p が与えられたときに，この合同式を満足する整数 x が存在するかどうか，を分析したのである。整数 a について，①が解を持つとき，a を「法 p の平方剰余」と呼ぶ。

奇素数 p が具体的に与えられれば，平方剰余はしらみつぶしの計算で決定することができる。例えば，$p = 11$ としてみよう。この場合，0から10まで2乗して余りを求めれば，
$$0^2 \equiv 0, \ 1^2 \equiv 1, \ 2^2 \equiv 4, \ 3^2 \equiv 9,$$
$$4^2 \equiv 5, \ 5^2 \equiv 3, \ 6^2 \equiv 3, \ 7^2 \equiv 5,$$
$$8^2 \equiv 9, \ 9^2 \equiv 4, \ 10^2 \equiv 1 \pmod{11} \quad \cdots ②$$

となる。つまり、$p = 11$ の場合には、$a = 0$, 1, 3, 4, 5, 9 が平方剰余であり、$a = 2$, 6, 7, 8, 10 は平方剰余ではない。

②式を再度眺めてみると、0以外の平方剰余が左右対称に二度ずつ現れることがわかる。なぜだろうか。それは、x^2 と $(p - x)^2$ が p を法として合同だからなのである。このことは、

$$x^2 - (p - x)^2 = x^2 - (p^2 - 2px + x^2)$$
$$= -p^2 + 2px$$

が p で割り切れることからわかる。

この事実から次のこともわかる。すなわち、1 から $(p - 1)$ までの $(p - 1)$ 個の a については、ちょうど半分が平方剰余となる、ということ。ここまでは簡単にわかるのだが、具体的にどの a が平方剰余であるかは、非常に複雑で、まるで法則などないように見える。しかし、みごとな法則があるのである。それは「平方剰余相互の法則」と呼ばれる定理であった。この定理は、オイラー（第6章）が予想しガウスが証明した。

平方剰余相互の法則は、いくつかの法則から成るが、そのうちの最も特徴的なものだけ紹介しよう。

平方剰余相互の法則

奇素数 p と q について、
（1）p と q の少なくとも一方が4で割った余りが1のとき、
p が法 q の平方剰余なら、q は法 p の平方剰余であり、

> p が法 q の平方剰余でないなら,q は法 p の平方剰余でない。
> (2) p も q も 4 で割ると余りが 3 のとき,
> p が法 q の平方剰余なら,q は法 p の平方剰余ではなく,p が法 q の平方剰余でないなら,q は法 p の平方剰余である。

例えば,$p = 7$ と $q = 11$ としてみよう。上記で説明したように,7 は 11 を法として平方剰余ではない。すると,この定理の(2)から,11 は 7 を法として平方剰余となるはずである。実際,

$$2^2 \equiv 11 \pmod{7}$$

であるから,確かに成り立っている。

2平方数定理と虚数

ガウスはフェルマーの発見した2平方数定理に再びスポットライトを当てた。それは,虚数を利用して,この定理が背後に持つメカニズムを暴き出したことだった。2平方数定理をもう一度出しておこう。それは以下の定理である。

> ### 2平方数定理
>
> (i) 素数 2 は,2 個の平方数の和で表せる。実際,
> $$2 = 1^2 + 1^2$$
> (ii) 4 で割ると 1 余る素数は,2 個の平方数の和で表せる。例えば,
> $$5 = 1^2 + 2^2,\ 13 = 2^2 + 3^2,\ 17 = 1^2 + 4^2,$$

$$29 = 2^2 + 5^2$$
等々。
（ⅲ）4で割ると3余る素数は，2個の平方数の和で表すことはできない。

ガウスはこの定理を，虚数を使って再証明したのである。

　虚数というのは，負の数の平方根のこと。つまり，2乗するとマイナスになる数のことだ。虚数は，長い間，「不可能な数」と見なされてきた。例えば，12世紀のインドの数学者バスカラは「負の数の平方根はない」と述べている。実際，（プラス）×（プラス）はプラスだし，（マイナス）×（マイナス）もプラスなのだから，2乗してマイナスになる数などこの世に存在しないように思える。

　ところが，数学者たちは虚数を避けて通れないような場面に遭遇することとなったのであった。それは，16世紀のイタリアで起きた。この頃，数学者は3次方程式の解を求めることに挑戦していた。そして，デル・フェッロやフォンタナやカルダノなどが，3次方程式の一般解法を発見したのである。このとき，3次方程式の3つの解がすべて実数であっても，その表現にどうしても虚数が現れる，という奇妙な現象に遭遇した。解は通常の実数なのだから，どうにか表現の中の虚数を排除できないか，と考えたがそれは叶わなかった（［8］参照）。それ以来，虚数は次第に数学の中で存在感を示すようになり，やがて市民権を得ることになったのである。

虚数，すなわち，負の数の平方根を表すには，−1の平方根 $\sqrt{-1}$ だけ認めれば十分である。これを数学では i と記す。i は英語 imaginary の頭文字であり，これは「空想上の」という意味の単語である。i を虚数単位と呼ぶ。

i の計算法則は，$i \times i = -1$ だけ理解していれば，あとは通常の文字式計算と同じである。例えば，

$$(4 + i)(3 + 2i) = 12 + 4 \times 2i + i \times 3 + i \times 2i$$
$$= 12 + 8i + 3i - 2 = 10 + 11i$$

という具合。

この計算方式を理解すれば，なぜ i 以外に負数の平方根の記号がいらないかがわかる。それは，他の負数の平方根は，i を使えば作り出すことができるからである。

例えば，−3の平方根は，$\sqrt{3}\,i$ と $-\sqrt{3}\,i$ によって表現できる。実際，

$$(\sqrt{3}\,i)^2 = (\sqrt{3}\,i) \times (\sqrt{3}\,i) = (\sqrt{3})^2 \times i^2$$
$$= -3$$

となる。

（実数）＋（実数）i という形式の数を複素数（complex number）と呼ぶ。複素数同士の足し算，引き算，掛け算，割り算は，通常の文字式の計算と同じに行えばいい（ただし，$i \times i = -1$ とする）。したがって，複素数の集合（これは通常 C と表記される。C は Complex の頭文字）は，四則演算に閉じており，「体」と呼ばれる集合の一つである。

複素数を幾何的に表現することは，19世紀の数学者ウェッソンやガウスによってなされた。それは，図5―1のように平面上の座標 (a, b) の点と複素数 $a + bi$ とを対応させ

る，ということだ。

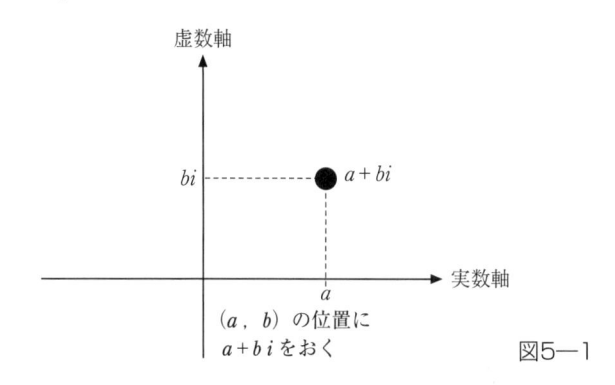

図5—1

(a, b) の位置に $a+bi$ をおく

このように，各点に複素数を対応させた平面を「複素平面」とか「ガウス平面」などと呼ぶ。

ガウス整数

ガウスは，複素数を深く研究した。例えば，「実数係数の n 次方程式は，複素数の範囲にすべての解を持つ」という「代数学の基本定理」と呼ばれる非常に重要な定理を証明している。この定理は，「複素数係数の n 次方程式」と変えてもそのまま成り立つ。つまり，n 次方程式を解く，という意味においては，複素数は閉じた（新しい数を定義する必要がない）数世界であるということだ（[8] 参照）。

複素数についてのガウスのもう一つの重要な研究は，複素数における「整数の類似物」についてである。ガウスは，（整数）＋（整数）i という形の数を複素数の中での整数と定義した。このような形の数を「ガウス整数」と呼ぶ。

ガウス整数においても,約数・倍数は通常と同じように定義される。すなわち,ガウス整数 α と β に対して,あるガウス整数 γ が存在して,$\alpha\gamma = \beta$ となるとき,β は α の倍数,α は β の約数と定義される。例えば,前に計算してみたように,

$$(4 + i)(3 + 2i) = 10 + 11i$$

であったから,$10 + 11i$ は $4 + i$ の倍数であり,$4 + i$ は $10 + 11i$ の約数である。

　また,ガウス整数の中の素数を定義するために,「1の約数」を特定しておく必要がある。1の約数となるガウス整数は ± 1 と $\pm i$ の4個だけである。

　ガウス整数 β が「ガウス素数」であるとは,$\beta = \alpha\gamma$ というふうにガウス整数 α と γ の積で表した場合に,α か γ の少なくとも一方が「1の約数」となる場合をいうのである。別の言い方をするなら,β が2個の「1の約数」でないガウス整数の積に分解されないとき,「ガウス素数」と呼ばれるのである。

2平方数定理ふたたび

　ガウス整数において,$a + bi$ に対して,$a - bi$ のことを,「共役数」と呼ぶ。共役数は,ガウス整数の中で双子のような役割を演じるものである。ガウス整数は,共役数の積を通じて,次のように平方和に結びつく。

$$\begin{aligned}(a + bi)(a - bi) &= a^2 - (bi)^2 \\ &= a^2 - b^2 i^2 \\ &= a^2 + b^2\end{aligned}$$

第5章 ガウスと虚数

（最初の等式は，14ページの公式による）。このように，共役数同士の積は2つの平方数の和になるのである。

この観点から，2平方数定理を見直してみよう。4で割ると1余る奇素数が2つの平方数の和で表される，ということは，それらがガウス整数の世界では，共役数の積で表される，ということと同じになる。実際，

$$5 = 1^2 + 2^2 = (1 + 2i)(1 - 2i)$$
$$13 = 2^2 + 3^2 = (2 + 3i)(2 - 3i)$$
$$17 = 1^2 + 4^2 = (1 + 4i)(1 - 4i)$$

このことは，これらの「4で割ると1余る素数」がガウス整数の世界では「素数」でないことを意味している。実際，

5（$= 5 + 0i$）や

13（$= 13 + 0i$）や

17（$= 17 + 0i$）が，

上記のように，「1の約数」でない2つのガウス整数の積で表されるからだ。つまり，これらは通常の整数世界（有理整数）では素数だが，ガウス整数の世界では「素数」でなくなる，ということである。

逆に，「4で割ると3余る素数が2つの平方数の和」とならない，という性質は，これらの素数がガウス整数の中でも「素数」になる，ということを意味している。

例えば，7は「1の約数」でない $(a + bi)$ と $(c + di)$ の積で表すことはできない。その理由は以下のようである。いま，

$$7 = (a + bi)(c + di) \quad \cdots ③$$

となったとしよう。右辺を展開すると，

$$(a + bi)(c + di) = (ac - bd) + (ad + bc)i$$

となるから，$ac - bd = 7$ と $ad + bc = 0$ がわかる。すると，

$$7 = (ac - bd) - (ad + bc)i$$

と書いてもいいので，

$$7 = (a - bi)(c - di) \quad \cdots ④$$

とわかる。③と④の左辺同士，右辺同士を掛け合わせると，共役数の積から，

$$49 = (a^2 + b^2)(c^2 + d^2)$$

が得られる。ここで $(a + bi)$ も $(c + di)$ も「1の約数」でないならば，$a^2 + b^2$ も $c^2 + d^2$ も1ではないから，ともに7でなければならない。しかし，7は2つの平方数の和で表せない。したがって，7はガウス整数の世界でも「素数」でなければならないとわかる。

以上の議論を眺めれば，通常の素数が2つの平方数の和で表せないことと，その素数がガウス整数の中でもガウス素数であることとが同値であることがわかるだろう。

このように，2平方数定理は，通常の素数がガウス整数の中のガウス素数であるかどうかと，みごとに対応している関係にあるとわかった。

類体論という壮大な世界

ガウスは，ガウス整数を使って2平方数定理を証明したばかりではなく，フェルマーの最終定理（77ページ）の指数4の場合を，ガウス整数を使って解決した。

その基本的なアイデアは，フェルマーの方程式

$$a^4 + b^4 = c^4$$

を，次のように変形して，こなごなに因数分解することにあった。

$$a^4 = c^4 - b^4$$
$$= (c^2 - b^2)(c^2 + b^2)$$
$$= (c - b)(c + b)(c - bi)(c + bi)$$

このように1次式まで分解することで，通常の素因数に関する議論を，ガウス整数におけるガウス素数の議論として応用することによって，このような式が成り立つのは，a または b が0のときのみであることを証明したのである。

　この成功をきっかけとして，通常の整数や素数についての性質を，もっと大きな数世界（複素数の部分集合）の中で考察する手法が展開されるようになった。

　素人が考えると，整数を拡張したもっと広い数世界を扱うことはかえって分析を難しくするように思える。しかし，意外にも真相は逆なのである。整数というのは，人間生活の日常に近い分だけ，雑多さや偏りがある。つまり，本来の姿に関して隠れて見えていない部分があるのである。だから，世界を広げて眺め直してみると，隠れていた本性が浮き彫りになり，振る舞いが健全になる，ということがおうおうにして起こる。数学者たちは，このように数世界を広げることによって，数の備える本性により肉薄して問題を解決するのだ。虚数を利用したガウス整数は，その先駆けとなったと言っていい。

　複素数の部分集合に拡張された整数を分析する分野は，その後，「類体論」と呼ばれるようになり，著しい発展を遂げることとなった。貢献した数学者は，ドイツのクンマー，ク

ロネッカー，ヒルベルト，そして日本の誇る高木貞治などである。とりわけ，高木の類体論は非常に優れた研究として世界的に高く評価されている。高木は『解析概論』という大学のベストセラー教科書を書いたことで有名だ。しかし，数学者としての高木は，類体論の創造者としてその名は今でも燦然と輝いているのである。

[平方数を好きになる問題]

❺

2平方数定理の「4で割ると3余る素数は，決して2つの平方数の和とならない」の部分を証明してみましょう。

① 偶数の平方数は4の倍数であり，奇数の平方数は4で割ると1余る数になることを証明してください。

(ヒント)

偶数は $2k$，奇数は $2k+1$ と表されることを利用しましょう。

② 4で割ると3余る数は，決して2つの平方数の和とならないことを証明してください。

(ヒント)

平方数の和で表されたとして，その平方数を4で割った余りについて考察して矛盾を導きましょう。

(解答は236ページ)

第6章

オイラーと
リーマン

平方数を発端とする数学の物語で，最も壮大なものの一つが，バーゼル問題に端を発するゼータ関数に関する物語だろう。バーゼル問題とは，18世紀の数学者たちの間で熱心に研究された「平方数の逆数を無限の先まで足したらいくつになるか」という問題のことである。その答えは真に驚くべきものであった。なんと，円周率が関わるというのである。本章では，このバーゼル問題から始まったオイラーのゼータ関数の研究を紹介し，最後には現在も未解決の問題であるリーマン予想まで足を伸ばすことにしよう。

平方数の逆数をすべて足すといくつになるか？

　平方数の逆数は，

$$\frac{1}{1^2} = \frac{1}{1} = 1$$

$$\frac{1}{2^2} = \frac{1}{4} = 0.25$$

$$\frac{1}{3^2} = \frac{1}{9} = 0.1111\cdots$$

$$\frac{1}{4^2} = \frac{1}{16} = 0.0625$$

$$\vdots$$

という具合になっている。これをずっとずっと無限の先まで足していったら究極的にはいくつになるか，というのがバーゼル問題と呼ばれ，解決まで相当な年数を要した。

　スイスの数学者ダニエル・ベルヌーイは，1728年に「こ

の値は，きわめて $\frac{8}{5}$ に近い」とゴールドバッハへの手紙に書いた。ダニエル・ベルヌーイは，三代にわたって八人も数学者を輩出した数学一家の中の一人である。また，ゴールドバッハは，「4以上の偶数は2個の素数の和である」という現在も未解決のゴールドバッハ予想を提出したプロイセンの数学者だ。そのゴールドバッハは，翌年1729年にこの値を1.6437 と 1.6453 の間の数だと突き止めている。

スイスの数学者オイラーは，1731年にさらに精密な値1.644934 を得た。しかし，まだこの時点では，オイラーもこの数の正体に気がつかなかった。

オイラーは，その後，執念でこの値を20ケタまで計算した。それは次の値だった。

1.64493406684822643647

ここまで来て，オイラーは遂に正体を突き止めたのだ。読者には想像がつくだろうか。電卓のない時代にオイラーがこれを突き止めるには，とてつもない試行錯誤があったであろうことが想像できる。私たちは電卓という利器があるので使うことにしよう。まず，この数に6を掛けると，9.869604 が得られる。次にこれの平方根を求めよう。3.141592… となる。さて，ここまで来ればおわかりになっただろう。そう，これは円周率 π である。6を掛けて平方根をとると π になる。だから，逆算すれば，π を2乗して6で割った数が求める数ということになるわけだ。すなわち，

$$\frac{1}{1^2} + \frac{1}{2^2} + \frac{1}{3^2} + \frac{1}{4^2} + \cdots = \frac{\pi^2}{6} \quad \cdots ①$$

という結果を得たのである。それは1735年のことであっ

た。平方数の逆数の無限和には、なんと、円周率の2乗が現れるのだ。オイラーも、これにはひっくり返るほど驚いたに違いない。しかし、この事実の証明にオイラーが成功するまで、さらに10年の歳月が必要であった。

18世紀最大の数学者オイラー

ここでオイラーの業績について少し触れておこう。

レオンハルト・オイラーは、1707年にスイスのバーゼルで牧師の子として生まれた。父親は息子も牧師にしたいと考えていたが、自分の数学好きが息子にも影響を与えてしまい、息子は数学者となった。

1720年、オイラーは13歳でバーゼル大学に入学した。このとき、ベルヌーイ一家のヨハン・ベルヌーイに師事した。1724年に大学を卒業し、1726年に招聘を受けたロシアのペテルスブルクに行き、1741年までそこで研究を行った。この地で結婚し、たくさんの子供に恵まれた。その後、ベルリンに新しくできた科学アカデミーに移った。60歳前後で両目の視力を失ったが、研究は衰えなかった。今日、800篇を超える膨大な論文が確認されている。

オイラーの研究は、多岐にわたっている。数論では、平方数の逆数和に関するゼータ関数の創始者となった。また、フェルマー予想の特殊ケースや4平方数定理（80ページ）などに貢献した。微分積分を操る解析学でも多くの公式を発見している。解析学の応用として、分割数についての公式を証明する母関数（83ページ参照）による方法を開発している。さらには、ケーニヒスベルクの川にかかる橋を渡る問題を考え

第6章　オイラーとリーマン

ていて，一筆書きの定理を証明し，現代ではグラフ理論と呼ばれるようになる分野の創始者となった。物理学にも業績を多く残している。

このような幅広い業績を賞賛して，ラプラスは「オイラーは18世紀後半のすべての数学者にとって共通の先生であった」と書き残している。

無限の和

平方数の逆数の無限和がなぜ，円周率の2乗を6で割ったものになるのか。これについて，順を追って解説していこう。まずは，無限個の数を足し算する無限和について。

無限個の数を加え合わせると，無限になってしまうことも有限で収まる場合もある。例えば，1を無限に足し合わせれば無限大（∞）になることは誰でもわかる。すなわち，

$$1 + 1 + 1 + 1 + \cdots = \infty \quad \cdots ②$$

1をn個加えるとnになるから，加える個数を増やすと和はいくらでも大きくなるからである。しかし，10分の1ずつになっていく数列（等比数列）を足し合わせると以下のように有限になる。

$$1 + 0.1 + 0.01 + 0.001 + 0.0001 + \cdots = 1.1111\cdots$$
$$\cdots ③$$

右辺が$\frac{10}{9}$になることは，実際に10を9で割り算してみれば確かめられる。このように，数列の無限の先までの和が有限になることを，「無限和は収束する」という。他方，無限和が無限大になることを「無限和は発散する」という。

無限和②が発散し③が収束する，その違いがどこから来る

123

かというと，②で足されていく数は常に同じ大きさだが，③では足されていく数はどんどん小さくなって0に近づいていく，ということである。実際，「足されていく数がどんどん0に近づく」ことは，無限和が収束するための必要条件である。しかし，十分条件ではないことが次の例からわかる。

$$\frac{1}{1} + \frac{1}{2} + \frac{1}{3} + \frac{1}{4} + \cdots = \infty \quad \cdots ④$$

これは，自然数の逆数を加え合わせた無限和が発散することを示す式である。自然数の逆数は，どんどん0に近づいていく。しかし，和は有限には収まらず，発散するのである。この事実の最も古い記録は，14世紀のフランスの司教ニコル・オレームによるもの。1350年頃のことである。

オレームは次のような議論によって，④を導いた。すなわち，3の逆数と4の逆数は，いずれも4の逆数以上であるから，3の逆数と4の逆数の和は，4の逆数の2倍以上である。すなわち，2分の1以上である。同様にして，5の逆数から8の逆数までの4つの数はすべて8の逆数以上であるから，これら4つの数の和は8の逆数の4倍以上である。すなわち，2分の1以上である。全く同じ議論から，9の逆数から16の逆数までの和が2分の1以上であることもわかる。このようにして，2のべき乗の逆数を区切り目にして部分的な和を評価していけば，2分の1以上の部分を無限に作り出せる。2分の1を無限に加えれば無限大になるので，④式が得られたことになる。

関数を無限次の多項式で表す

第6章 オイラーとリーマン

17世紀にニュートンが微積分の技術を開発することによって、無限和の計算が飛躍的に進歩することになった。さまざまな関数を多項式で表すことができるようになったからである。ただし、無限次の多項式である。

本書では微積分を解説する余裕はないので、一つだけ例を挙げて、それをもって理解してもらうことにしよう。以下の式である。

$$\frac{1}{1-x} = 1 + x + x^2 + x^3 + x^4 + \cdots \quad \cdots ⑤$$

これは、$1-x$ の逆数を意味する分数関数が、x のべき乗を次々と無限の先まで足していった無限次の多項式と一致することを表す式である。ただし、右辺が収束するのは $-1 < x < 1$ の範囲であり、したがって、この等式が意味を持つのはこの範囲でのことである。

この式が成り立つことは、下の具体的な割り算の筆算を眺めればわかるだろう。

$$\begin{array}{r}
1 + x + x^2 \\
1-x \overline{)1} \\
\underline{1 - x} \\
x \\
\underline{x - x^2} \\
x^2 \\
\underline{x^2 - x^3}
\end{array}$$

また、⑤式の x に 0.1 を代入すれば、③式が得られることでも、この式の正しさを確認できる。

逆に、このような無限次の多項式を利用すれば、新種の関数を定義することができる。例えば、

$$f(x) = 1 + \frac{1}{1!}x + \frac{1}{2!}x^2 + \frac{1}{3!}x^3 + \cdots$$

という無限和で関数を定義してみよう。ここで，$n!$ は「1から n までの自然数の積」を表す記号であり，階乗と呼ばれる計算である。

$1! = 1, \ 2! = 1 \times 2 = 2,$
$3! = 1 \times 2 \times 3 = 6, \ 4! = 1 \times 2 \times 3 \times 4 = 24,$
$\cdots$

という具合になる。この無限和はすべての複素数 x に対して収束する。つまり，複素数全体に関して値を持つ関数になる。

特に $x = 1$ の場合の関数の値，

$$f(1) = 1 + \frac{1}{1!} + \frac{1}{2!} + \frac{1}{3!} + \cdots$$

は，e という記号で表される無理数になり，ネピア数と呼ばれ，おおよそ 2.71 ぐらいである。そして，この関数はネピア数 e の指数関数になることが知られている。すなわち，

$$e^x = 1 + \frac{1}{1!}x + \frac{1}{2!}x^2 + \frac{1}{3!}x^3 + \cdots \quad \cdots ⑥$$

となるのである（この関数は，第 4 章の 87 ページのテータ関数のところで使われた）。したがって，例えば，$x = 2$ として，

$$e \times e = 1 + \frac{1}{1!} \times 2 + \frac{1}{2!} \times 2^2 + \frac{1}{3!} \times 2^3 + \cdots$$

だとわかる。

第6章 オイラーとリーマン

三角関数を無限次の多項式で表す

　三角関数の一種であるサイン関数、すなわち、$\sin\theta$ は、高校生が習う関数である。ただし、これを微積分するためには、θ を360°法ではなく弧度法で表しておく必要がある。

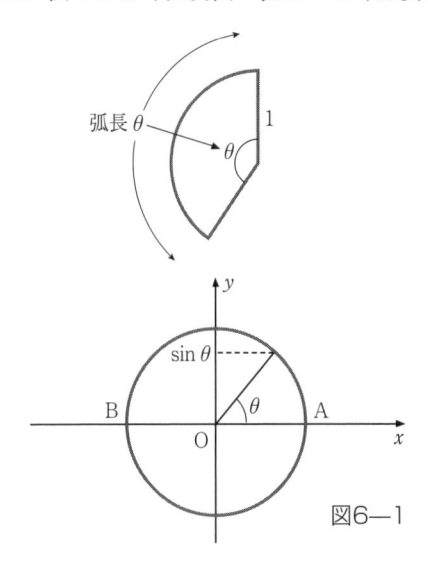

図6—1

　弧度法とは、180°を π で表す角度の測り方である。要するに、半径が1の扇形の弧の長さをそのまま中心角の大きさとしてしまうという単位法だ。

　その上で、座標平面上に中心が原点で半径が1の円を描き、x 軸方向から中心角 θ だけ回転したところにある円周上の点の y 座標の値が $\sin\theta$ である（図6—1）。

　ただし、左回り（反時計回り）に回転した場合をプラスの角度、右回り（時計回り）に回転した場合をマイナスの角度

と定義する。

あとでポイントになることをここで指摘しておく。角度 θ が［円周率 π の整数倍］となる場所で $\sin \theta$ の値は 0 となる。実際，図の点 A と点 B の場所のときに，y 座標が 0 となる。

半円の中心角がちょうど π だから，これは［円周率 π の整数倍］の角度である。つまり，$\sin \theta$ という関数は

$$\theta = \cdots, \ -3\pi, \ -2\pi, \ -\pi, \ 0, \ \pi, \ 2\pi, \ 3\pi, \ \cdots$$

のときに 0 となるのである。

ここで，円周率 π が登場してくるのがバーゼル問題の答えの秘密である。平方数の逆数の無限和に円周率が現れるのは，このことに起因するのだ。ゴールはもう間近である。

さて，微分を駆使することによって，$\sin \theta$ は次のような無限次の多項式で表せる。

$$\sin \theta = \frac{1}{1!} \theta - \frac{1}{3!} \theta^3 + \frac{1}{5!} \theta^5 - \cdots \quad \cdots ⑦$$

これは $\sin \theta$ のテーラー展開と呼ばれる。

解と係数の関係を復習しよう

それでは，いよいよ，平方数の逆数の和に円周率の平方が現れる理由を説明することにしよう。そのためには，多項式が解によって因数分解される，という高校数学の知識を復習する必要がある。

まず，このあとずっと必要になる「式の展開の原理」について確認しておこう。

第6章　オイラーとリーマン

$$(a_1 + a_2)(b_1 + b_2)(c_1 + c_2)$$

を展開するとどうなるか。

まず，一番目と二番目のカッコの積を展開すると，

$$(a_1b_1 + a_1b_2 + a_2b_1 + a_2b_2)(c_1 + c_2)$$

となる。これは，図6-2の長方形の面積を眺めれば一目瞭然であろう。

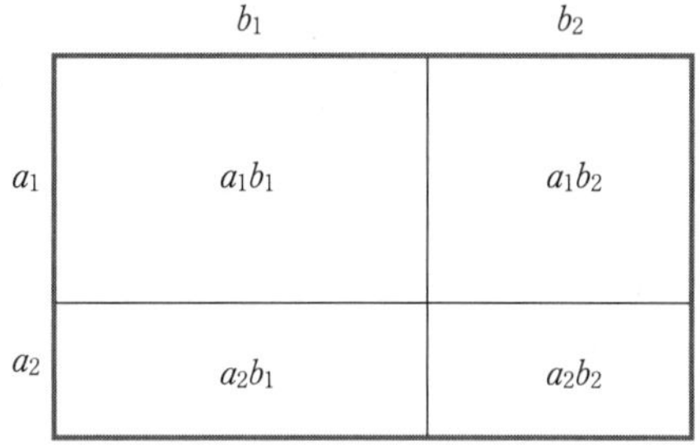

	b_1	b_2
a_1	a_1b_1	a_1b_2
a_2	a_2b_1	a_2b_2

図6-2

要するに

　　　（最初のカッコの数）×（二番目のカッコの数）

という全組み合わせが現れるのである。

さらに三番目のカッコとの積も展開すると，

$a_1b_1c_1 + a_1b_1c_2$

$+ a_1b_2c_1 + a_1b_2c_2$

$+ a_2b_1c_1 + a_2b_1c_2$

$+ a_2b_2c_1 + a_2b_2c_2$

となる。これも，すべて a，b，c の積で添え字だけ異なっていることから，

　　　（最初のカッコの数）×（二番目のカッコの数）
　　　×（三番目のカッコの数）

という全組み合わせが出てきていることがわかる。

　以上を踏まえて、多項式とその解の関係を振り返るとしよう。

　2次方程式

$$x^2 - 7x + 10 = 0$$

は、解 $x = 2$ と $x = 5$ を持っている。実際、左辺に代入して計算すればどちらも0になる。このとき、左辺は、x からそれぞれの解を引いた1次式の積として、

$$x^2 - 7x + 10 = (x - 2)(x - 5)$$

と因数分解される。実際、上記の展開の原理で右辺を展開すれば、1次の項は $-2x$ と $-5x$ の二項が出てくるから、合計すれば $-7x$ となる。定数項は $(-2) \times (-5)$ が出てくるが、これは10である。

　なぜ、$(x - 解)$ という因子で因数分解できるのか。それは、こう考えれば納得できる。$x - 2$ は $x = 2$ とすれば0になる。$x - 5$ も $x = 5$ とすれば0となる。それゆえ、$(x - 2) \times (x - 5)$ は、x が2と5の各場合に0になる。だから、これが元の方程式と一致していなければならないのである。ちなみに、この因数分解は、

$$x^2 - 7x + 10 = 10\left(1 - \frac{x}{2}\right)\left(1 - \frac{x}{5}\right)$$

と書いても同じである。こちらのほうがあとで役に立つ。

　このことは、3次方程式でも成り立つ。α、β、γ を解に持つ3次方程式が、

$$x^3 + ax^2 + bx + c = 0$$

であるとすると、左辺は、$(x - 解)$ という3つの因子の積

第6章 オイラーとリーマン

として,
$$x^3 + ax^2 + bx + c = (x - \alpha)(x - \beta)(x - \gamma)$$
と因数分解されなければならない。この因数分解の式から,元の方程式の係数と解の間に密接な関係式があることが発見できる。この右辺を展開したときのx^2の係数を考えてみよう。最初のカッコから$(-\alpha)$を選び,二番目と三番目からxを選ぶことで$(-\alpha x^2)$という項ができる。二番目のカッコから$(-\beta)$を選び,一番目と三番目からxを選ぶことで$(-\beta x^2)$という項ができる。三番目のカッコから$(-\gamma)$を選び,一番目と二番目からxを選ぶことで$(-\gamma x^2)$ができる。したがって,右辺を展開したときのx^2の項は
$$-(\alpha + \beta + \gamma)x^2$$
となるから,元の方程式の2次の係数aと一致することがわかり,
$$a = -(\alpha + \beta + \gamma)$$
という「解と係数の関係」が得られるのである。

円周率の平方がなぜ現れるのか

これは,無限次の多項式になってもたいてい成り立つ。ただし,多少の工夫が必要である。

今,$\sin\theta$を無限次の多項式で表した⑦式を因数分解することを考えよう。前々節で述べたように,$\sin\theta$は円周率πの整数倍($\cdots$, -3π, -2π, $-\pi$, 0, π, 2π, 3π, $\cdots$)を解としており,他には解はない。したがって,πの整数倍をθに代入すると0になるような1次式の積となると想像される。これは正しく,具体的には次のようになる。

$$\sin\theta = \cdots\left(1+\frac{\theta}{3\pi}\right)\left(1+\frac{\theta}{2\pi}\right)\left(1+\frac{\theta}{1\pi}\right)\theta$$
$$\left(1-\frac{\theta}{1\pi}\right)\left(1-\frac{\theta}{2\pi}\right)\left(1-\frac{\theta}{3\pi}\right)\cdots \quad \cdots ⑧$$

実際,$\theta = 3\pi$のときは,

$$\left(1-\frac{\theta}{3\pi}\right)$$

が0になり,$\theta = -2\pi$のときは

$$\left(1+\frac{\theta}{2\pi}\right)$$

が0になることを確かめられたし。このサイン関数の因数分解公式をオイラーが発見したのである。

このとき,分母が同じ2つの式を掛け合わせると,例えば,

$$\left(1+\frac{\theta}{3\pi}\right)\left(1-\frac{\theta}{3\pi}\right) = 1-\frac{\theta^2}{3^2\pi^2}$$

となる(第1章,14ページの公式参照)。したがって,$\sin\theta$は,次のように表現できる。

$$\sin\theta = \theta\left(1-\frac{\theta^2}{1^2\pi^2}\right)\left(1-\frac{\theta^2}{2^2\pi^2}\right)\left(1-\frac{\theta^2}{3^2\pi^2}\right)\cdots$$

この右辺を展開したときにθ^3の係数がどうなるか,展開の原理から考えてみよう。

冒頭のθが必ず掛け算されることから,2項目以降のカッコからは,θ^2が一回だけ選ばれて残りのカッコから1が選ばれて掛け算されて出る項だけを考えればよい。

2項目のカッコからθ^2を選び,他のカッコから1を選ぶ

なら，

$$\left(-\frac{1}{1^2\pi^2}\theta^3\right)$$

という項が得られる。3項目のカッコからθ^2を選び，他のカッコから1を選ぶなら，

$$\left(-\frac{1}{2^2\pi^2}\theta^3\right)$$

という項が得られる。したがって，θ^3の係数は，

$$-\frac{1}{1^2\pi^2}-\frac{1}{2^2\pi^2}-\frac{1}{3^2\pi^2}-\frac{1}{4^2\pi^2}-\cdots$$

となる。一方，サイン関数のテーラー展開⑦式は

$$\sin\theta = \frac{1}{1!}\theta - \frac{1}{3!}\theta^3 + \frac{1}{5!}\theta^5 - \cdots$$

であった。この右辺のθ^3の係数を取り出せば（3! = 6であることから），

$$-\frac{1}{1^2\pi^2}-\frac{1}{2^2\pi^2}-\frac{1}{3^2\pi^2}-\frac{1}{4^2\pi^2}-\cdots = -\frac{1}{6}$$

が得られ，両辺に(-1)とπ^2を掛ければ，念願の

$$\frac{1}{1^2}+\frac{1}{2^2}+\frac{1}{3^2}+\frac{1}{4^2}+\cdots = \frac{\pi^2}{6}$$

という式が得られるのである。これで，なぜ円周率πが現れるのか，そして，なぜ，円周率の2乗なのか，さらには，分母の6が何を意味するのか，すべてのナゾが氷解したことであろう。

円周率が現れるのは，サイン関数を0にする値が（整数）×（円周率）だからである。円周率の2乗になるのは，（整

数）×（円周率）がそれぞれプラスとマイナスで2回現れるからである。そして，平方数の逆数和が生まれるのも同じ理由からである。

平方数の逆数和が素数と関係する！

　オイラーは，平方数の逆数和が円周率と関係することを突き止めたあと，もっと驚愕すべき事実を発見した。それは，平方数の逆数和が素数とも関係する，ということだった。まず結果から書いてしまおう。次のような式が成り立つのである。

$$\frac{1}{1^2} + \frac{1}{2^2} + \frac{1}{3^2} + \frac{1}{4^2} + \cdots$$
$$= \frac{2^2}{2^2-1} \times \frac{3^2}{3^2-1} \times \frac{5^2}{5^2-1} \times \frac{7^2}{7^2-1} \times \cdots$$
$$\cdots ⑨$$

右辺の積は，全素数にわたるものである。もちろん，左辺は，これまで述べてきたように円周率の2乗を6で割ったものと等しいから，右辺の素数の2乗にまつわる積も，同じく，円周率の2乗を6で割ったものである。つまり，素数は円周率と関係を持っている，ということなのである。

　この式を1737年に発見したときのオイラーの気持ちはいかばかりだったろうか。躍り上がるほどの喜びだったに違いない。この右辺は，現在では「オイラー積」と呼ばれる。

　⑨式は次のような意味を持っている。

　　　　（自然数全体に関する和）＝（素数全体に関する積）

オイラーは，⑨式を一般の自然数 s に拡張した次の式が成り立つことも証明している。

$$\frac{1}{1^s} + \frac{1}{2^s} + \frac{1}{3^s} + \frac{1}{4^s} + \cdots$$

$$= \frac{2^s}{2^s - 1} \times \frac{3^s}{3^s - 1} \times \frac{5^s}{5^s - 1} \times \frac{7^s}{7^s - 1} \times \cdots \quad \cdots ⑩$$

この式に $s = 1$ をあてはめると,画期的なことがわかる。

$$\frac{1}{1} + \frac{1}{2} + \frac{1}{3} + \frac{1}{4} + \cdots$$

$$= \frac{2}{2 - 1} \times \frac{3}{3 - 1} \times \frac{5}{5 - 1} \times \frac{7}{7 - 1} \times \cdots \quad \cdots ⑪$$

この式の左辺が無限大になることは,124ページの④式で説明した。したがって,右辺も無限大にならなければならない。これはとりも直さず,素数が無限個あることを教えてくれる。なぜなら,素数が有限個しかないなら,右辺は有限個の掛け算となるから,値が有限となって矛盾するからである。これは,素数が無限にあることの全く新種の証明を与えることになった。

オイラー積公式はなぜ成り立つのか

オイラー積公式⑨や⑩や⑪がなぜ成り立つのか,そのおおざっぱな理由を説明しよう。先回りしてポイントをいうと,素因数分解の一意性,つまり,「2以上のすべての自然数は,素数の積に一通りに分解される」ことである。

例えば,12 は $12 = 2^2 \times 3$ と分解され,30 は $30 = 2 \times 3 \times 5$ と分解され,他の分解の仕方はない。このことと展開の原理を使うと次の掛け算の結果がどんな意味を持つかが予測

できる。
$$(1 + 2 + 2^2 + \cdots + 2^n)(1 + 3 + 3^2 + \cdots + 3^m)$$
展開の原理から，この式を展開すると，

　　　（左のカッコ内の数）×（右のカッコ内の数）

という掛け算がすべて出てくる。したがって，この式の展開で現れるのは，

　　　（2のべき乗）×（3のべき乗）

　　　（ただし，2の指数はn以下で，3の指数はm以下）

というものすべてであるとわかる。つまり，展開すると，

$$1 + 2 + 3 + 4 + 6 + 8 + 9 + 12 + 16 + 18 + \cdots + 2^n 3^m$$

となる。和に現れる1以外の数は，素因数分解で2と3しか現れないような$2^n 3^m$以下のすべての数である。

　以上を踏まえて，オイラー積公式を解明しよう。どれを例にしても同じだから，一番わかりやすい⑪式（⑩式で$s = 1$の場合）を例にする（発散が気になる人は，説明を⑨式に読み変えればよい）。

　まず，125ページで説明した無限和の公式⑤を再度持ち出してくる。

$$\frac{1}{1-x} = 1 + x + x^2 + x^3 + x^4 + \cdots \quad \cdots ⑤$$

この式のxに，最初の素数の逆数である$\frac{1}{2}$を代入する。

$$\frac{1}{1-\frac{1}{2}} = 1 + \frac{1}{2} + \frac{1}{2^2} + \frac{1}{2^3} + \frac{1}{2^4} + \cdots$$

同様にして，この式のxに，次の素数の逆数である$\frac{1}{3}$を代入する。

$$\frac{1}{1-\frac{1}{3}} = 1 + \frac{1}{3} + \frac{1}{3^2} + \frac{1}{3^3} + \frac{1}{3^4} + \cdots$$

そして，この2式を左辺同士，右辺同士，掛け算してみよう。

$$\frac{1}{1-\frac{1}{2}}\frac{1}{1-\frac{1}{3}} = (1 + \frac{1}{2} + \frac{1}{2^2} + \frac{1}{2^3} + \frac{1}{2^4} + \cdots)$$
$$\times (1 + \frac{1}{3} + \frac{1}{3^2} + \frac{1}{3^3} + \frac{1}{3^4} + \cdots)$$

右辺を展開すると，同じ展開の原理から，先ほど説明したのと同じ仕組みで，（2のべき乗）×（3のべき乗）の逆数がすべて現れる。他方，左辺は

$$\frac{2}{2-1} \times \frac{3}{3-1}$$

である。同じ作業を，すべての素数の逆数に対して実行すると，

$$\frac{2}{2-1} \times \frac{3}{3-1} \times \frac{5}{5-1} \times \frac{7}{7-1} \times \cdots$$

は，（2のべき乗）×（3のべき乗）×（5のべき乗）×…の形の数の逆数全体の和となることがわかる。一方，すべての自然数はこの形で唯一に表現できる（素因数分解できる）のだから，和にはすべての自然数の逆数が一回だけ現れることがわかる。これでオイラー積公式が成り立つ理由がわかった。

リーマンのゼータ関数

オイラーは，自然数のべき乗について，逆数にせずそのまま足す，という大胆な計算も行った。そして，1749年に，

$$1 + 2 + 3 + 4 + \cdots = -\frac{1}{12} \quad \cdots ⑫$$

$$1^2 + 2^2 + 3^2 + 4^2 + \cdots = 0 \quad \cdots ⑬$$

などを得ている。もちろん,これらの左辺をそのまま計算すると無限大に発散してしまうから,別の意味づけが必要である。オイラーは,その意味づけに肉薄していた形跡があるが,完成させることはできなかった。

これらの計算をきちんと意味づけすることに成功したのは,100年以上後のドイツの数学者リーマンであった。リーマンは次のような無限和を$\zeta(s)$という関数として定義した。ζはギリシャ文字のゼータという記号なので,「ゼータ関数」と呼ばれる。

$$\zeta(s) = 1^{-s} + 2^{-s} + 3^{-s} + 4^{-s} + \cdots \quad \cdots ⑭$$

ここでx^{-s}というのは,x^sの逆数のことであるから,$s = 2$を代入すれば,①式となる。つまり,

$$\zeta(2) = \frac{\pi^2}{6}$$

ということになる。また,$s = 1$とすると,自然数の逆数の和となり,④式から,

$$\zeta(1) = \infty$$

とわかる。$s > 1$で$\zeta(s)$が収束することは,簡単に証明できる。しかし,例えば,$s = -1$とすると,この式は,

$$n^{-1} = \frac{1}{n}$$

であることから,

$$1 + 2 + 3 + 4 + \cdots$$

となってしまい収束しない。

そこで,リーマンは,この計算に別の意味合いを与えることを考えた。複素数全域で値（∞を含む）を持つ関数であって,しかも,$s>1$ なる実数 s に対しては⑪式と値が一致する関数（解析関数）を探したのである。このような関数を⑪式の解析接続と呼ぶ。リーマンは,⑪式の解析接続が存在すること,しかも,それが唯一であることを証明した。そして,その解析接続を改めて $\zeta(s)$ と定義し直したのである。これは現在,リーマンゼータ関数と呼ばれる。

例えば,$s=-1$ のときの値は,$\zeta(-1)=-\dfrac{1}{12}$ と計算される。同様に,$s=-2$ のときの値は,$\zeta(-2)=0$ と計算される。

短命の数学者リーマン

リーマンの生涯にも触れておこう。

ベルンハルト・リーマンは,1826年にドイツのハノーファーで,牧師の子として生まれた。六人兄弟の二番目であった。両親が貧乏な上に子沢山だったことで,生活は困窮し,リーマンは幼少期にまともな栄養をとることができなかった。そのため,虚弱体質となり,39歳という若さで早死にすることになったのである。

彼は幼少から数学の才能を開花させていた。高校生時代に,ルジャンドルやオイラーの書いた本を読みこなすことができた。リーマンは,19歳でゲッチンゲン大学に,言語学と神学を学ぶ学生として入学した。これは経済的な理由からのようだったが,数学への情熱を抑えることができず,父親

に専門を変える許しを乞うた。ゲッチンゲン大学に一年間滞在したのち、もっと先端の数学者のいるベルリン大学に移った。

リーマンの生涯は短かったが、その業績は輝かしいものである。多価の関数を一価の関数として扱うことができるリーマン面や、新しい空間の幾何学であるリーマン幾何学、微積分学の基本定理を導くリーマン積分の創出、そして、素数に関するリーマン素数公式の発見、リーマンゼータ関数に関するリーマン予想の提出などがある。

30代の半ば頃から、リーマンは体を悪くし始めた。肋膜炎にかかったり、結核にかかったりした。最後は、旅行中に風邪をこじらせ、急速に体力を失って衰弱死したのである。

史上最大の難問リーマン予想

たくさんの業績のあるリーマンだが、彼の名前を現在、最も有名にしているのは、未解決の難問リーマン予想に他ならない。この予想は、リーマンが1859年に提出してから、150年もの間、数学者たちの挑戦を跳ね返し続けている。

リーマン予想とは、リーマンゼータ関数の零点、すなわち $\zeta(s) = 0$ となる解 s の分布についての予想である。

負の偶数 s に対して、$\zeta(s) = 0$ となることは、すでにオイラーが突き止めていた。すなわち、

$$\zeta(-2) = 0, \quad \zeta(-4) = 0, \quad \zeta(-6) = 0,$$
$$\zeta(-8) = 0, \cdots$$

となる。

残された問題は、他に解があるか、ということである。

リーマンはこれについて、次のような予想を提出したので

ある。

リーマン予想

複素数 $s = a + bi$ が $\zeta(s) = 0$ を満たす s は，負の偶数以外では，実数部分が $a = \frac{1}{2}$ を満たすときのみである。言い換えると，リーマンゼータ関数の虚の零点の実数部分は $\frac{1}{2}$ である。

この予想を図解によって理解することとしよう。

まず，簡単な例として，4次関数 $z^4 - 1$ の零点を図6―3のように複素平面に図示してみる（複素平面については，111ページ参照のこと）。

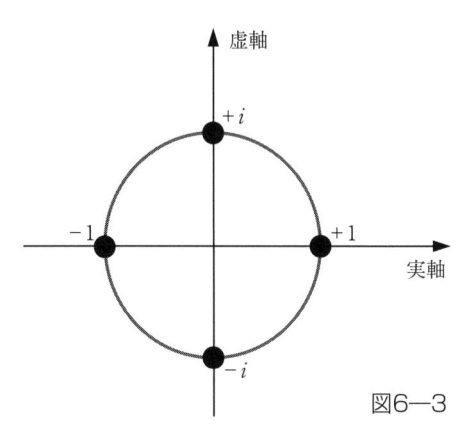

図6―3

$$z^4 - 1 = (z^2 - 1)(z^2 + 1)$$
$$= (z - 1)(z + 1)(z - i)(z + i)$$

であることから，この関数の零点は，1，-1，i，$-i$ の4

点である。

これを図示すると，図6—3のように半径1の円周上の4等分点となる。

次に，関数 $e^z - 1$ の零点を考えてみよう。

零点は，

$$z = (偶数) \times \pi i$$

となる（知っている人は，オイラーの公式 $e^{i\theta} = \cos\theta + i\sin\theta$ から確認せよ）。

したがって，零点の分布は図6—4のようになる。

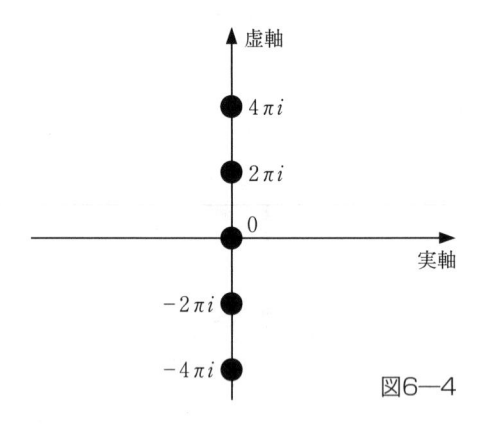

図6—4

これらに対し，リーマン予想が述べていることは，$\zeta(s)$ の零点の分布が図6—5のようになっている，ということなのである。

実際，リーマンゼータ関数の零点のはじめのほうは，次のようになっている。

$$\frac{1}{2} \pm i \times 14.1347\cdots$$

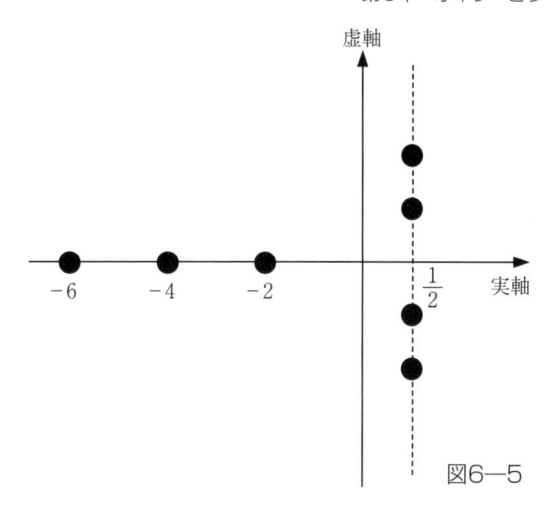

第6章 オイラーとリーマン

図6—5

$$\frac{1}{2} \pm i \times 21.0220\cdots$$

$$\frac{1}{2} \pm i \times 25.0108\cdots$$

たしかに，実数部分は $\frac{1}{2}$ となっている（ただし，14.1347…等は特定の無理数）。

リーマンゼータ関数がわかると素数のことがわかる。

リーマン予想が重要なのは，これが解けると素数のことがわかるからである。なぜかといえば，リーマンゼータ関数が⑩式のオイラー積公式を通じて，

　　（リーマンゼータ関数ζ(s)の値）

　　＝（素数のs乗全体に関する積）

が成り立つからである。

143

132ページで，$\sin\theta$という関数を零点（解）によって因数分解して⑧式を得たが，実は，リーマンゼータ関数についても零点を使って因数分解できることがわかっている。虚の解をρという記号で記すことにすると，おおざっぱな表現で言えば，

$$\zeta(s) = \left[\frac{1}{1-s}\right]$$

$$\times \left[\left(1+\frac{s}{2}\right)\left(1+\frac{s}{4}\right)\left(1+\frac{s}{6}\right)\cdots\right]$$

$$\times \left[\left(1-\frac{s}{\rho}\right)\text{の全}\rho\text{にわたる積}\right]$$

$$\times\text{（0にならない部分）}$$

というように因数分解できるのである（数学的に正確な表現ではないことに注意すること）。この式において，最初の$\frac{1}{1-s}$は，$s=1$でリーマンゼータ関数が∞の値になることを示している（$s=1$とすると分母が0になるから）。これは，④式に対応するものである。二番目の

$$\left[\left(1+\frac{s}{2}\right)\left(1+\frac{s}{4}\right)\left(1+\frac{s}{6}\right)\cdots\right]$$

は，sが負の偶数に対して0になることを表している。例えば，$\left(1+\frac{s}{2}\right)$は$s=-2$を代入すると0になる。そして，三番目が虚の零点$\rho$に対して0になることを意味する部分

$$\left[\left(1-\frac{s}{\rho}\right)\text{の全}\rho\text{にわたる積}\right]$$

である。この部分について何かがわかれば，素数について深い知識が得られる。なぜなら，この式とオイラー積の素数に

第6章 オイラーとリーマン

関する無限積⑩式が一致するからである。

素数の分布について，次の近似公式が成り立つことが知られている（すでに証明されている）。

(x 以下の素数の個数) 〜 ($\log x$ の逆数のグラフの 0 から x までの符号付き面積)

ここで $\log x$ というのは，自然対数関数であり，e^x の逆関数のことである（これも高校で教わる）。右辺をきちんと書くと，

$$\int_0^x \frac{1}{\log t}\, dt$$

である。これは $Li(x)$ と記される関数である。

問題になるのは，この近似公式の誤差がどの程度になっているか，ということだ。これについて，もしもリーマン予想が正しいならば，次のような評価が得られる。

|(x 以下の素数の個数) − $Li(x)$|

< (定数) × $\sqrt{x} \log x$

この法則とリーマン予想は，どういうふうにつながっているのだろうか。残念ながら，詳しく説明することはできないが，零点の実数部分がすべて $\frac{1}{2}$ ということの関わりをざっくりと述べることなら可能である。$\sqrt{x}$ とは $x^{\frac{1}{2}}$ のことである。つまり，

$$\sqrt{x} \log x = x^{\frac{1}{2}} \log x$$

における指数 $\frac{1}{2}$ こそが，まさに，リーマン予想の中の $\frac{1}{2}$ に対応するのである。逆にリーマン予想が正しくなくて，ρ の実部に $\frac{1}{2}$ より大きい数がいろいろ現れたりすると，(x 以下の素数の個数) と $Li(x)$ の誤差は，$\sqrt{x} \log x$ では抑えられな

くなってしまうことになる。

ミクロの物質の物理学にゼータが現れた!

リーマンゼータ関数は，ずっと数学の中だけで研究されてきた。しかし，20世紀末になって，事情が変わったのだ。なんと，物理学の中で扱われるようになったからである。それも，ミクロの物質の運動を捉える量子力学に出現したのである。

真空中に平行な金属板を置くと，微弱な力でそれらが引き合う現象が理論的に予言され，実験でも確認された。これを「カシミール効果」と呼ぶ。

このカシミール効果を場の理論で解析するときに，$\zeta(-3)$が本質的な役割を果たすのである。

$$\zeta(-3) = 1^3 + 2^3 + 3^3 + 4^3 + \cdots = \frac{1}{120}$$

のことである。

いやあ，世界とはまこと不思議な仕組みになっているものだ。ちなみに，量子力学については，第8章でもう一度詳しく解説する。

[平方数を好きになる問題]
❻

連続した平方数に±をつけたものの和でどんな数が作れるかを考えてみましょう。

つまり，$\pm 1 \pm 4 \pm 9 \pm 16 \pm 25 \pm \cdots \pm k^2$ という形式の計算です。

例えば，1は平方数1で表せます。2は，$-1-4-9+16$ と表せます。

① 3と4をこの形式で表してみましょう。

② $k^2 - (k+1)^2 - (k+2)^2 + (k+3)^2$ を展開計算してみましょう。

③ すべての自然数nは，上手にkと±を選ぶことによって，$\pm 1 \pm 4 \pm 9 \pm 16 \pm 25 \pm \cdots \pm k^2$ という形式で必ず表せることを証明してください。

ヒント

②の使い方を考えましょう。

（解答は236〜237ページ）

第7章

ピアソンと
カイ2乗分布

本章では、うってかわって、統計学を紹介しよう。

　統計学は数学や物理学に比べて、非常に若い学問であるが、統計学ほど2乗を利用する分野も例をみない、と言っていい。統計学はまさに「2乗の科学」なのである。

　本章では、特に、2乗計算の際だった利用である「標準偏差」「正規分布」「カイ2乗分布」を中心に解説する。

今や、データ解析は必須

　今日では、データの解析はビジネスや研究には欠かせない。顧客の動向をさぐるにも、売り上げの行く末を占うにも、医療や工業や農業にも、データ処理が必須になる。

　データ処理のスキルを集大成したものが、統計学である。統計学は20世紀初頭に完成した後、さまざまな分野に浸透し、いまやほとんどすべての分野で基盤的な役割を担っている。現代の統計学を築いた立役者の一人が、カール・ピアソンである。この章では、ピアソンを軸にして、統計学の成立の歴史を追っていこう。

　複数のデータに潜在する特徴を一つの数値で代表したものを統計量と呼ぶ。最も代表的な統計量は、ご存じ「平均値」だ。平均値とは、「それらのデータの数値が、おおよそどの水準にあるか」を捉える量である。例えば、日本人成人女性の身長の平均値が160センチメートルだと聞けば、「なるほど、日本人の女性の身長はまちまちなれど、おおよそ160センチメートルの周辺なんだな」と理解できる。サラリーマンの年収の平均値がおおよそ400万円と聞けば、「そうか、ま

あ，高給取りも低所得の人もさまざまなれど，だいたい400万円の前後なのだろう」と推測できる。

しかし，平均値だけでは心許ないと，多くの人が思うことだろう。女性の身長の平均が160センチメートルだとしても，ずっと高身長の人もいるはずだ。どのくらい高い人までいるのか知りたい，という欲求もあるだろう。平均年収が400万円だとしても，実際の年収はかなり広く分布しているはずで，とんでもない高給取りがどのくらいいるかにも興味があるだろう。

散らばりを代表する標準偏差

「散らばり方」が実生活で具体的な問題になることもある。例えば，利用するかどうかを考慮中のバスについて，そのバスが平均的には時刻表通り到着していても，それだけで利用を決断するわけにはいかない。到着時間が時刻表の時刻の前後に10分以上ずれたりするなら，とても利用する気にはならないだろう。このように「散らばり」は，そのバスを使うか使わないかを決めるのに重大な判断基準になる。この場合，実際の到着時刻が平均到着時刻（＝時刻表の到着時刻）から，早まっても遅れても，どちらでも迷惑である。したがって，実際の到着時刻から時刻表の時刻を引き算した値が，プラスの方向でもマイナスの方向でも，離れれば離れるほど「使いづらいバス」という判断材料となるはずである。

このような「平均値からの（プラス・マイナスの）隔たり分」を一つの数字で代表させたい。それが「標準偏差」と呼ばれる指標となる。

標準偏差は2乗平均

標準偏差を理解するために、再びバスの例を使おう。

例えば、「朝7時10分のバス」の到着時刻を5日間にわたって調査したら、

(到着時刻)：11分, 5分, 17分, 9分, 8分

(ただし、すべて7時台)

だったとしよう。この5個の数字の平均

$(11 + 5 + 17 + 9 + 8) \div 5$

は10だから、このバスは「平均値で見れば時刻表通りに到着する」とわかる。しかし、明らかに到着時刻はまちまちである。そこで、平均値からのズレを計測しよう。各データから平均値10を引いてみる。この数値を「偏差」と言い、この場合はバスのダイヤの乱れを表している。

(偏差)：+1, -5, +7, -1, -2

これでかなり、「データのまちまちな出現の仕方」がわかった。最大で7分遅れることがあり、最大で5分早く来ることがある。問題はこれをどうやって一つの数値で代表させるか、である。到着が1分遅れるのも、1分早いのも、どちらも迷惑になるから、プラスかマイナスかは無視しなくてはならない。そこで、符号を消す工夫をする。採用するのは、各偏差を「2乗する」という計算なのである。マイナスの数も2乗すればプラスになるからだ。

(偏差)^2：1, 25, 49, 1, 4

この5個の2乗値の平均値を出し、その平方根をとったものが標準偏差である。

第7章 ピアソンとカイ2乗分布

$$(標準偏差) = \sqrt{\frac{1 + 25 + 49 + 1 + 4}{5}}$$
$$= \sqrt{16} = 4$$

ちなみに、この「数値をいったん2乗しておいてから平均を出し、そのあと平方根をとる操作」も、平均の取り方の一種であり、「2乗平均」と呼ばれるものである(足し算して個数で割り算する平均は、「相加平均」あるいは「単純平均」と呼ばれる)。

ここで標準偏差が4である、ということは次のようなことを意味する。すなわち、バスは平均的には時刻表通りに到着するが、実際には遅れたり早く来たりする。どの程度、平均値の前後にブレるかと言われれば、だいたい4分ぐらいである、と。標準偏差とは、「ブレの程度」というふうに理解すればいいのである。

さて、ここでもまた2乗計算が出てきた。この段階では読者は、「2乗するのは、単にマイナスを消すための便宜的な操作に過ぎないんじゃない？ 単純にマイナス記号を削除して(絶対値にして)平均しちゃなぜいけないの？」と仰るかもしれない。しかし、そうではないことが次第にわかってくる。2乗平均を取ることは、いろいろな意味で、必然的な方法論なのである。

この「偏差の2乗平均」に「標準偏差」という名前を付けたのは、カール・ピアソンという統計学者である。この章は、ピアソンの業績にスポットライトをあてるが、その前に、ピアソン以前の歴史を追っておく必要がある。

正規分布の発見

　確率という考え方は，17世紀フランスの二人の数学者，パスカルとフェルマー（第4章）の共同研究によって打ち立てられた。きっかけは，パスカルがサロンで知り合った賭博師メレから賭けに関する質問を受けたことだった。したがって，確率に関する当初の研究は，賭博にちなんだものが基本となった。「成功」「失敗」という2つだけの結果を持つ「2項分布」や，サイコロの6つの出目を結果とする「多項分布」などがそれである。

　ここではコイン投げによる2項分布を例にとって解説しよう。

　自然数 N を固定する。均整のとれたコイン N 枚をいっぺんに投げたとき，「表が k 枚出る確率」を $k = 0, 1, 2, \cdots, N$ に対して，それぞれ計算してみよう。

　まず，非常に簡単な $N = 2$ 枚のケースを考える。
2枚のコインを投げて両方が裏になる，つまり $k = 0$ となる確率は，各コインが裏になる確率が $\frac{1}{2}$ であるから，掛け算をして，

$$(k = 0 \text{の確率}) = \frac{1}{2} \times \frac{1}{2} = \frac{1}{4}$$

となる。1枚が表で1枚が裏となる確率は，

（コイン A が表の確率）×（コイン B が裏の確率）

$$= \frac{1}{2} \times \frac{1}{2} = \frac{1}{4}$$

と，

第7章 ピアソンとカイ2乗分布

(コイン A が裏の確率) × (コイン B が表の確率)

$$= \frac{1}{2} \times \frac{1}{2} = \frac{1}{4}$$

とを加えて，

$$(k = 1 \text{ の確率}) = \frac{1}{2}$$

となる。最後に，両方とも表，すなわち，$k = 2$ の確率は，

$$(k = 2 \text{ の確率}) = \frac{1}{2} \times \frac{1}{2} = \frac{1}{4}$$

となる。

この簡単なケースでは面白さは出てこないが，投げる枚数 N を大きくすると興味深いことがわかってくる。

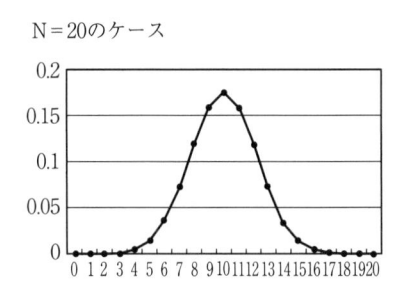

N = 20のケース

0	9.53674×10^{-7}
1	1.90735×10^{-5}
2	0.000181198
3	0.001087189
4	0.004620552
5	0.014785767
6	0.036964417
7	0.073928833
8	0.120134354
9	0.160179138
10	0.176197052
11	0.160179138
12	0.120134354
13	0.073928833
14	0.036964417
15	0.014785767
16	0.004620552
17	0.001087189
18	0.000181198
19	1.90735×10^{-5}
20	9.53674×10^{-7}

図7—1

図7—1は，$N = 20$ 枚のコインを投げたときにそのうち

の k 枚が表になる確率をグラフ化したものである。

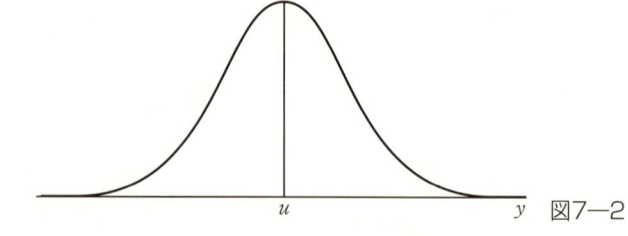

図7—2

　この確率についてのグラフは、非常に特徴的な曲線を描いている。実際、N を大きくしていくと、図7—2のようなある特定の曲線に近づいていくことに数学者は気がついた。左右対称の、ベルのような形をした曲線である。

　面白いことに、曲線の左右対称性は、コインが均整のとれたものであることから出てくるのではない。歪んだコイン、例えば、表が裏に対して2倍出るようなコインでも、N を大きくした極限として現れる曲線は同じ左右対称になることが判明したのである。

　そこで数学者たちは、このベル型の曲線の正体を突き止めようとした。これに最初に成功したのは、ド・モアブルという17世紀フランスの数学者である。

　ド・モアブルは、プロテスタントの両親のもとに生まれ、ルイ14世がカトリックで国教を統一しようとする迫害にあって、21歳のときにイングランドに逃れた。イギリスでは、ニュートンなどとも親交ができ、優れた数学者となったが、教授職につけなかった。そのため、賭博家や投機家のアドバイスをして生計をたてていた。その目的で書いた本、1718年の『偶然論』と1725年の『生命年金』が世の中に大きな

156

第7章 ピアソンとカイ2乗分布

影響を与えることとなる。前者は、「確率論の近代的な最初の書物」と言われるほどの偉業であった。この本の中で、ド・モアブルは、コイン投げの確率の描く曲線を特定したのである。

ド・モアブルは、コイン投げの確率の中で、まず変数kから変数zへの変数変換を行った。すなわち、$\frac{N}{2}$が0の位置に来るように平行移動し、さらに、1目盛りが$\frac{\sqrt{N}}{2}$となるように拡大・縮小したのである。具体的には、次のように元の変数kを新しい変数zに変換した。

$$z = \frac{k - \left(\frac{N}{2}\right)}{\left(\frac{\sqrt{N}}{2}\right)}$$

こうすると、確かに、$k = \frac{N}{2}$のとき$z = 0$となり、kが$\frac{\sqrt{N}}{2}$増加するごとに、zが1増加するように調整される。その上で、(k枚が表となる確率)を対応するzの数値が生じる確率$f(z)$として書き換えるのである。確率は次のような関数となる。

$$(z \text{の出現確率}) = f(z) = \frac{1}{\sqrt{2\pi}} e^{-\frac{1}{2}z^2}$$

この式が捉えにくい人のために補足しよう。

まず、この確率を算出する関数は、eの指数関数となっていることに注意する。ここでeとは、第6章126ページで説明したネピア数（$e = 2.71\cdots$）だ。そして、eの肩に乗っている指数部分は、zについての2次関数となっており、それは$-\frac{1}{2}z^2$というものなのである。係数に円周率πの平方根が出てくるのは、「全確率が1となる」ように調整するためにすぎないからあまり気にかけなくてもいい。ネピア数eと

いう無理数の登場もさることながら、その肩に2乗の関数が乗っかっているのは、まかふしぎなことである。この確率分布の関数は、「標準正規分布」と呼ばれる。

一般の正規分布

ド・モアブルの少しあと、ラプラスというフランスの数学者がこの結果を拡張した。コイン投げ（2項分布）に限らない、もっと多くの確率現象に関しても、極限として、正規分布曲線（ベル曲線）が現れることを証明した。ただし、ここでいう正規分布というのは、一般の正規分布であり、それは標準正規分布のグラフを左右に適当に平行移動し、また、左右方向に適当に拡大・縮小したものである。この結果は、現在では「中心極限定理」と呼ばれる大定理の原型となったものである。

ラプラスは、フランスのノルマンディーに生まれ、士官学校の教師となり、ナポレオン・ボナパルトとも知己となった。物理学に多くの業績を持ち、著作『天体力学』は「第二のニュートン」と称された。ナポレオンに、「あなたの本には神のことが書かれていないようだが」と質問され、「私にはそのような仮説は必要ありません」と胸を張って答えたのは有名なエピソードである。とりわけ、確率の理論への貢献は大きく、1812年の『確率の解析的理論』は「歴史上もっとも偉大な数学者によって書かれたもっとも素晴らしい著作のひとつ」と言われる。

一般の正規分布の式は、2つのパラメーター（母数）μとσを持ち、xを変数とする次のような関数である。わかりや

第7章　ピアソンとカイ2乗分布

すさのために、指数部分を分離して記すことにしよう。

$$（一般の正規分布）f(x) = \frac{1}{\sqrt{2\pi}\sigma} e^A,$$

$$A = -\frac{1}{2\sigma^2}(x-\mu)^2 \quad \cdots ①$$

円周率 π の平方根は出てくるやら、ネピア数 e が出てくるやら、指数は2次関数だったりするやらで、うっとうしい式だが、基本的には標準正規分布と同じ形式の式である。実際、この式で $\mu = 0$, $\sigma = 1$ とおけば、先ほどの標準正規分布になる。ちなみに、パラメーター μ は「左右の平行移動量」を表し、パラメーター σ は「左右方向の拡大縮小率」を表している。パラメーターは、ベル曲線を平行移動させたり、伸び縮みさせたりするための数値なのである。

パラメーター μ と σ には、もう一つの見方がある。

今、次のような、仮想的で抽象的なデータセットを考えよう。データは $-\infty$ から $+\infty$ までのすべての数である。そして、数値が x のデータが全体に占める割合（相対頻度）は、一般正規分布 $f(x)$ の値に一致している、としよう。実は、このような仮想的なデータセットを考え、そのデータセットの平均値を計算すると、それは一般正規分布の式 $f(x)$ 中の μ と一致する。さらには、このデータセットの偏差の2乗平均をとって計算される標準偏差は、式 $f(x)$ 中の σ と一致するのである（データは連続無限個なので、実際の計算は積分によって行われる）。つまり、ベル曲線をデータの頻度と見なした場合には、データの平均値は μ、標準偏差は σ となる、ということだ。したがって、標準正規分布の場合には、

平均値は0,標準偏差は1となる。

この世界には正規分布がいっぱい

正規分布は,当初は,コイン投げやサイコロ投げのような,数学的な抽象モデルの中に発見されたが,その後,現実世界の中に確認されることとなった。すなわち,多くの現実の不確実現象に正規分布が見出されたのである。

典型的なのは,同一種の生物の体長や,同一種の植物の丈の分布である。また,製品の標準仕様からのズレにも見られる。あるいは,センター試験など大規模な試験の点数の分布にも表れることが多い。株価変動の確率分布も正規分布に酷似しており,そうだと信じている専門家も少なくない。

また,ミクロの物理現象の中にも発見されている。容器の中に閉じ込められた単原子分子から成る気体(理想気体)が,どんな運動をしているか,ということが19世紀の物理学者マクスウェルやボルツマンによって計算された。これは,分子運動論と呼ばれ,現在の統計物理の原型となったものである。彼らが突き止めた分子運動の一方向の速度分布の関数は,正規分布の式となる。その理由は,この速度分布の関数はeの指数関数となっており,その指数は運動エネルギーにマイナスの定数を掛けたものとなっているからだ。一方,速度vで運動する質量mの分子のエネルギー(運動エネルギー)は,第3章61ページで解説したように,

$$E = \frac{1}{2} mv^2$$

であるから,eの指数部分にはvの2乗が現れ,それが正規

分布を生み出すのである。

ガウスの誤差理論

正規分布は，ドイツのガウス（第5章）とアメリカのアドレインによって，ド・モアブルやラプラスとは別の方面から再発見されることとなる。それは，観測誤差の研究であった。以下，ガウスの分析から話を進めていこう。

ガウスは，1807年にゲッチンゲン大学の天文学教授と新しい天文台の台長に任命された。そこで，天文や地形にまつわる数学の研究にいそしむことになり，いくつかの重要な発見をしている。最小2乗法と正規分布の発見もその中に含まれる。

ガウスは，1809年に『天体運行論』という本を出版した。その中で，正規分布の導出を行っている。しかもそれは，「最小2乗法」という，その後の統計学で重要な推定法となる方法論の先駆けとなる計算であった。

ガウスの論文は微分法を使ったものだが，本書は微分法なしで話を進めているので，微分法を使わない簡易化した道筋で解説することにする。

ガウスが問題にしたのは，「複数の観測値からどうやって真実の値を導き出せばいいか」ということだった。例えば，複数の人が特定の天体の位置を望遠鏡で観測した場合，観測される数値はまちまちになる。こうしてまちまちの値として観測された数値から，「真実の値」をどう算出したらいいか，ということである。

最も簡単な例で解説することとしよう。観測された数値が

p と q だったとする。ガウスは,以下のような理由から,誤差の分布が正規分布だと仮定するのが尤もらしいと考えた。

今,実際の値が μ であるような対象を観測したとき,x という数値が観測される確率が正規分布である,すなわち,①式の $f(x)$ で表されると仮定しよう。なぜ正規分布と仮定していいのかについては,最後に正当化が与えられることになるから,ここでは認めて読み進めてほしい。

すると,観測値が p となる確率は,

$$f(p) = \frac{1}{\sqrt{2\pi}\sigma} e^P, \quad P = -\frac{1}{2\sigma^2}(p-\mu)^2 \quad \cdots ②$$

となる。同様に,観測値が q となる確率は,

$$f(q) = \frac{1}{\sqrt{2\pi}\sigma} e^Q, \quad Q = -\frac{1}{2\sigma^2}(q-\mu)^2 \quad \cdots ③$$

である。したがって,「2つの観測値が p と q である確率」は②と③を掛け算した値だから,

$$f(p)f(q) = \frac{1}{2\pi\sigma^2} e^{P+Q} \quad \cdots ④$$

となる。ここでは指数法則 $e^P e^Q = e^{P+Q}$ が使われている。そして,指数部分は,

$$P + Q = -\frac{1}{2\sigma^2}(p-\mu)^2 - \frac{1}{2\sigma^2}(q-\mu)^2 \quad \cdots ⑤$$

という μ に関する2次関数となる。ここでガウスは,非常に面白い考え方を採用した。すなわち,いろいろ考えられる μ の値に対して「2つの観測値が p と q である確率」④を計算する中で,④が最も大きくなるときこそが「μ の真実の値」であろう,という考え方である。この考え方の背後には,

「世の中で起きていることは、最も観測されやすいこと、つまり確率の最も大きいことである」という思想がある。別の言葉でいうと、「世の中で目撃することは、最も平凡なことである」という思想だ。これは後に「最尤原理」と呼ばれるようになる思想である。

そこでガウスは、「2つの観測値がpとqである確率$f(p)f(q)$」を表す④式が最大になるμが「真実の値」であるべきだ、と考えた。それは指数$P+Q$が最大になる場合である。すなわち、⑤式をμの関数と考えたとき、⑤式が最大になるμを求めればいい。

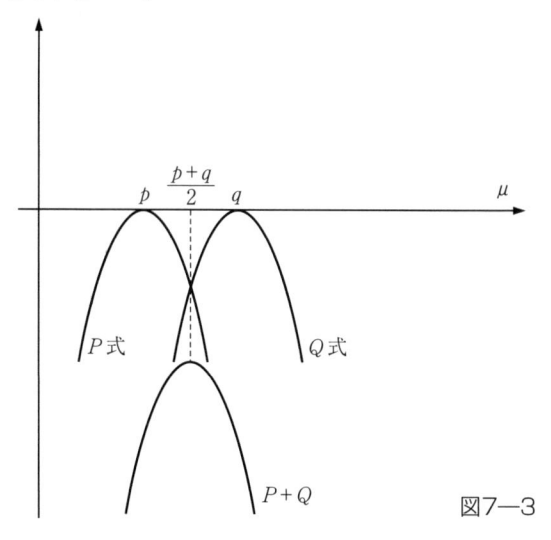

図7—3

図7—3から簡単にわかるように、P式もQ式も下向きの放物線を描き、その和$P+Q$も同様に下向きの放物線となる。そして、$P+Q$が最も大きくなるμは、$\dfrac{p+q}{2}$であ

る(放物線の左右対称性から計算しなくてもわかる)。要するに観測値 p と q の平均値 $\frac{p+q}{2}$ を「真実の値」とするとき,「2つの観測値が p と q である確率」④が最大となるのである。一方,観測値に対して,「平均値を真実の値と考える」ことは,とても尤もらしく,世の中で常識として行われていることである。そこでガウスは,「誤差分布を正規分布であると考えると,最も確率が大きくなる真実の値が平均値となるのだから,誤差分布が正規分布であると考えることが正当化される」と結論したのであった。

さらには,⑤式を

$$-\frac{1}{\sigma^2}\left\{\frac{(p-\mu)^2+(q-\mu)^2}{2}\right\}$$

と書き直せば,μ を p と q の平均値とした場合の { } 部分の平方根が標準偏差となる。つまり,「誤差分布を正規分布だと仮定し,その確率の下で,観測値が最大になる μ を真実の値とする」ということは,別の見方をすれば,「観測値の標準偏差,つまり,観測値の散らばり具合が最小になるような μ を真実の値とする」ということと同じなのである。このような「観測値の標準偏差が最小となるように真実の値を決める」推定の方法を「最小2乗法」と呼ぶ。

この最小2乗法の観点から見直すと,「散らばり」の指標として標準偏差という2乗平均を使うことも,ある意味で正当化が与えられたことになるのである。

統計学者ピアソン

以上のように,19世紀の前半に,正規分布や最小2乗法

などが次々発見され，データを扱う統計学の素地が作り上げられた。これを一気に完成のレールに載せたのが，カール・ピアソンという統計学者であった。

カール・ピアソンは，1857年にロンドンで生まれた。1866年にユニヴァーシティ・カレジ・スクールに入学するも，健康上の理由から16歳で退学。その後，18歳のとき，ケンブリッジのキングス・カレッジで奨学金を受け，数学，哲学，宗教を学んだ。

ピアソンは，社会科学，人文科学，自然科学すべてに興味を抱くオールマイティの人だった。ケンブリッジ卒業後，ドイツに留学し，そこでマルクス主義思想に大きく触発された。社会主義思想に関する数編の論文を書いている。1884年，27歳で，ロンドン・ユニヴァーシティ・カレジの応用数学と力学の教授に就任する。そして，1892年に科学哲学の著作『科学の文法』を出版した。

しかし，ピアソンの人生に最も大きな転機となったのは，生物学者のウェルドンと遺伝学者のゴルトンとの出会いだった。彼は，この二人の学者との出会いをきっかけとして，生物学へ統計学を応用する研究に向かったのである。

ピアソンは，「記述統計」の方法を確立した。記述統計とは，与えられたデータからその分布の特徴を抜き出す方法である。平均値や標準偏差のほかに，分布の傾斜や尖り方を表す統計量などを定義することに成功した（モーメント法と呼ぶ）。

また，正規分布以外の分布，とりわけグラフが非対称になるような分布を研究した。その中で最も重要なものの一つ

165

が，このあと解説する「カイ2乗分布」である。さらには，ゴルトン創案である，2つのデータの関連の深さを計測する指標「相関係数」を発展させ，「重相関係数」や「偏相関係数」を考え出した。

まさに，カール・ピアソンこそ，現代統計学の祖と言ってもいい存在なのである。

カイ2乗分布の発見

ピアソンが発見した「カイ2乗分布」は，標準正規分布から作られる。

今，標準正規分布（平均値μが0で，標準偏差σが1の正規分布）に従って発生する数値を考えよう。このような数値を3回観測する。要するに標準正規分布に従う確率で数値が出てくるようなスロットマシンを3回だけ回して，3個の数値を得る。それをx_1, x_2, x_3とする。そして，この3つの数値を2乗して加え合わせて，新しいVという数値を得る。すなわち，

$$V = x_1{}^2 + x_2{}^2 + x_3{}^2$$

という統計量Vである。x_1, x_2, x_3が，それぞれに標準正規分布の確率に従って生起するので，それらの2乗の和Vも当然，確率的にまちまちな値をとる数値となる。このVが従う確率分布をカイ2乗分布という。このVの式が，やはり「平方の和」であることはとても興味深い。

3個の2乗の和を作るときは，Vは自由度3のカイ2乗分布に従う。一般に，n個の2乗の和を作るVは，自由度nのカイ2乗分布に従う。各自由度のカイ2乗分布のグラフは図

7―4のようになる。

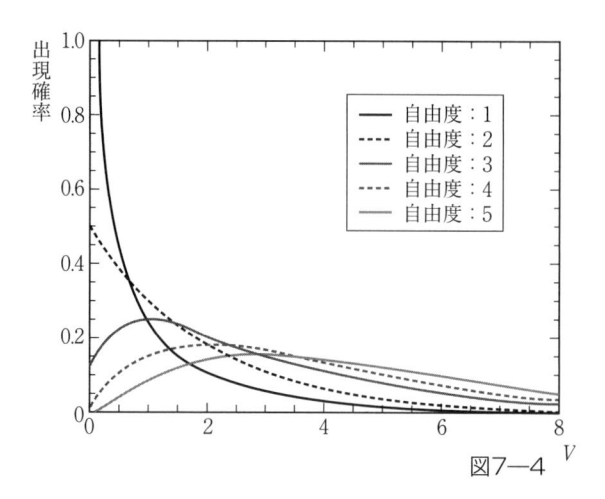

図7―4

図7―4のグラフからわかるように，カイ2乗分布は，ジェットコースターのような形状になっている。つまり，大きな数字は急速に出にくくなるということだ。また，自由度（足す個数）が増えると，ジェットコースターの形はだんだん潰れて，大きな数字が相対的に出やすくなることも見てとれる。これは2乗を足す個数が増えるのだから当然のことである。

この分布は，ヘルマートという人が1875年に発見していたが，この業績は忘れ去られていた。ピアソンは，1900年に，ヘルマートの業績とは独立に同じ分布を発見したのだ。カイ2乗分布を表す関数の式は，正規分布に輪を掛けて難しいものになるので，本書では与えないで済まそう。

ピアソンの適合度検定

ピアソンが,カイ2乗分布を発見したのには,強い動機があった。あるデータが得られたとき,それが特定の分布に適合するかどうかを判定する方法が欲しかったのだ。このことについて,「サイコロが正しく均整のとれたサイコロであるか,そうでないか」を判定する例で説明しよう。

今,あるサイコロについて,それがインチキ・サイコロかもしれない,という疑いを持ったとする。そこでこのサイコロを60回投げてみた。各目が出た回数は,次の表のようになったとする。

出目	1	2	3	4	5	6
出た回数	15	7	4	11	6	17
期待度数	10	10	10	10	10	10

表7−1

これを見ると,このサイコロに,かなりインチキのにおいがすることは確かだろう。1の目と6の目が出過ぎているし,また,3の目が極端に少なすぎる。実際,平均値として考えれば,どの目も $60 \div 6 = 10$ 回ずつ出ると考えられ,それは最後の行の「期待度数」に書いてある。これと比して,実際の回数が極端かどうか,ということを問題にしたいのである。

もちろん,どの目も平均値の10回ずつ出るなどというのも極端すぎる出来事であり,ありえないことだろう。しかし,これを基本数値として,そこからの「離れ具合」を評価

してみるのである。

そのためにピアソンが提唱したのが，次の計算であった。

$$\frac{(回数-期待度数)^2}{期待度数} の各目に関する合計$$

これは χ^2 という記号で書かれる統計量で，正しく均整がとれているサイコロの場合（各目の確率が $\frac{1}{6}$ のサイコロの場合）は，自由度5のカイ2乗分布に従うことをピアソンは証明したのだ。では，表から，実際にこの統計量 χ^2 を計算してみよう（χ は，ギリシャ文字であり，「カイ」と読む）。

$$\chi^2 = \frac{(15-10)^2}{10} + \frac{(7-10)^2}{10} + \frac{(4-10)^2}{10} +$$

$$\frac{(11-10)^2}{10} + \frac{(6-10)^2}{10} + \frac{(17-10)^2}{10}$$

$$= 13.6$$

となる。

では，この統計量をどう評価するべきか。

統計学では，「その統計量の数値が生起する確率が，異常な大きさの水準5パーセントに入るかどうか」を問題にする。χ^2 分布の場合には，「5パーセントしか出現しないよう

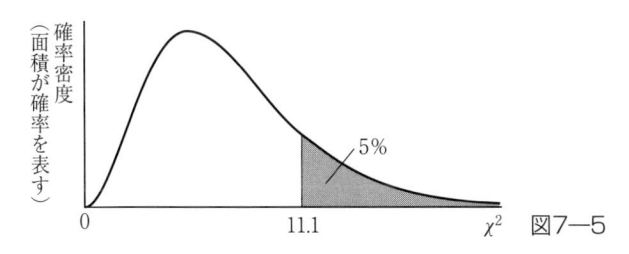

図7—5

な異常に大きな値」に入ってしまうかどうかを判断基準とするのである。

簡単に言えば、もしもこの統計量が異常に大きな値になっている場合、「そういう珍しいことが偶然起きた」と考えるよりも、「サイコロが正しく均整のとれたものではないから、異常値が出た」と判断したほうが妥当、と考えるのだ。

自由度5のχ^2分布の場合は、「11.1以上の数値を越える確率」がちょうど5パーセントになる。つまり、自由度5のχ^2分布に従って生起する数値が11.1を越えることは、100回に5回しか起きないような稀な出来事なのである。したがって、11.1を越える数値が生起している場合は、「異常なことが起きてしまっている」と判断し、普通はそんなことに遭遇しないはずだから「サイコロは正しく均整のとれたものではない」という判断を下すわけである。実際、今の場合、

$$\chi^2 = 13.6$$

であるから、このケースにあてはまる。したがって、「このサイコロはインチキ」という結論を下すのだ。

この方法論は、「ピアソンの適合度検定」と呼ばれる。χ^2という計算式も、見ての通り、「平方の和」の形式になっている。統計学においては、標準偏差、正規分布、カイ2乗分布、適合度検定と、たくさんのところに「平方の和」の形式が現れる。「平方の和」は、統計学の基本計算だと言っていい。

ピアソン vs フィッシャー

統計学を作り上げたスーパースターのもう一人に、ロナル

ド・エイマー・フィッシャーがいる。フィッシャーは，20世紀最大の統計学者との呼び声も高い。そして，ピアソンとフィッシャーには大きな確執が生じ，それは歴史に刻まれる物語となった。

フィッシャーは1890年にロンドンで生まれた。子供の頃から数学の才能を示し，ケンブリッジ大学のゴルヴィル・ケイアス・カレッジに入学した。数理物理学を学んだが，カール・ピアソンの進化に関する論文を読んで，経験的事実について関心を持ったらしい。

パブリック・スクールで教鞭をとっている4年間に，数理統計学の論文を書き，統計学者としての名声が高まっていった。この時期から，ピアソンとの反目が始まった。

フィッシャーが書いた相関係数に関する論文での手法を，ピアソンが批判したのが始まりだった。それは，明らかにピアソンの誤解から生じたのであったが，フィッシャーはこの件を深刻に受け取り，ピアソンからオファーされたゴルトン研究所への就職を辞退してしまったのである。その後，フィッシャーは，ピアソンのモーメント法を批判することになり，それは二人の確執を決定的に深めることとなった。

フィッシャーは，1919年にローザムステッド農事試験場へ就職した。この試験場は，フィッシャーのおかげで統計学の聖地にまで高められることになる。フィッシャーはここで，1920年からの20年間に，統計学の驚くべき発展に貢献することになった。

統計学には，ピアソンの開発した記述統計とは別に，「推測統計」という分野がある。推測統計というのは，不確実現

象の背後にある未知のパラメーターを推測する方法論である。もっと簡単に言うと、「観測された少数のデータから、その出所である巨大な母集団について、その素性を推測する」ということである。この推測統計学の構築は、まさにフィッシャーの貢献によるのである。

フィッシャーの統計学の発想の背後には、正規分布の発見の節において、ガウスの考えの中で説明した「最尤原理」が存在している。「実際に観測されたデータが、最も観測されやすくなるように未知のパラメーターを定める」という方法論を完成に導いたのである。これを最尤推定量という。

例えば、確率pで起きる現象があるとし、繰り返し観測したら、n回中でk回起きていたとする。このとき、未知の確率pを変数として動かして、「n回中k回が起きる確率」を最大にするpを（微分法で）求めると$\frac{k}{n}$となる。したがって、未知の確率pの最尤推定量を$\frac{k}{n}$とするのである。

また、例えば、未知の平均μ、標準偏差σの正規分布に従う現象の観測をして、3個のデータx_1, x_2, x_3が観測されたとするなら、μの最尤推定量は

$$\frac{x_1 + x_2 + x_3}{3}$$

となる。

これらのことは、私たちが日常的にやっている推定を「最尤原理」によって正当化してくれるものだと言っていい。フィッシャーは、この最尤推定量をピアソンのモーメント法の代わりとして提唱したのであった。

以上のように、「部分から全体を推測する」という帰納的

な推論の方法を，20世紀以降の人類はついに手に入れることとなった。それがまさにフィッシャーの推測統計学の理論なのである。そして，その根底には2乗の世界が広がっていることを読者は痛感したことだろう。

[平方数を好きになる問題]

7

　$5^a + 5^b$（a，bは自然数）の形で書ける平方数は一つも存在しないことが知られています。このことを証明してみましょう。aとbを自然数とするとき，

① 5^aの末尾2ケタはどんな数でしょうか。さらに，$5^a + 5^b$の末尾2ケタはどんな数でしょうか。

② $5^a + 5^b$（a，bは自然数）の形で書ける平方数が存在しないことを証明してください。

> **ヒント**
>
> 末尾2ケタの数字からアプローチしてみてください。
> （解答は237〜238ページ）

第8章

ボーアと
水素原子内の平方数

本章と次章は，再度，物理学の中に見つかった「2乗の世界」の話になる。本章は，ミクロの世界の原理だ。

　バルマーという人が，水素原子から出るスペクトル（電磁波）の波長に，平方数を発見した。なぜ，スペクトルに平方数が現れるのかは，長い間ナゾとされてきた。それを解明したのが，ボーアであった。この解明は，単に平方数に関するパズルを解いた，というだけに終わらず，ミクロの物質現象の原理を解明する量子力学の第一歩となったのであった。平方数から，波動関数までのめくるめく冒険をご堪能いただこう。

プリズムと虹

　読者の皆さんも，プリズムの分光を見た経験があるだろう。プリズムとは，磨いた透明のガラスである。それを太陽の光線にかざすと，通過した太陽光が虹のようにさまざまな色の光に分離する。とてもきれいな色合いである。これは，スペクトルと呼ばれる。

　太陽光線というのは，実は，いろいろな波長の電磁波が束になったものだ。プリズムを通すと，それぞれの波長の電磁波が分離されるから，色別に分光されることになる。夏の夕方の雨の後に，空に鮮やかにかかる虹も基本的には同じ原理である。

　ここで言う電磁波とは，電界・磁界の振動が空間の中を伝わっていく現象で，空気の波が伝わっていく音波などと同じ波動現象の一つである。

第8章 ボーアと水素原子内の平方数

よく「七色の虹」などと言われるが、太陽光は7種類の波長の電磁波が混じり合ったものというわけではない。太陽光のスペクトルの波長は飛び飛びのものではなく、連続的に分布しているのである。

水素のスペクトルはなぜか飛び飛び

物理学者たちは、原子からこの電磁波が発射されることを発見した。そして、水素原子（元素記号はH）という最も軽い原子から発せられる電磁波を解析しているとき、非常に面白い事実を発見したのである。

水素原子から発せられる電磁波の波長は、ある特別の飛び飛びの数値しかなく、それは表8—1のようなものであった。

6562.10×10^{-8} cm
4860.74×10^{-8} cm
4340.10×10^{-8} cm
4101.2×10^{-8} cm
3968.1×10^{-8} cm
3887.5×10^{-8} cm
3834.0×10^{-8} cm
3795.0×10^{-8} cm
3767.5×10^{-8} cm

表8—1

ここで、10^{-8} というのは $\frac{1}{10^8}$、すなわち、0.00000001 のことである。これらの波長の列は、発見者にちなんで「バルマ

ー系列」と呼ばれる。

バルマー系列には，2つのナゾがある。

第一は，表で示したように，「なぜ飛び飛びの数値しかないのか」ということである。前節で述べたように，太陽光線に含まれるスペクトルは連続的である。なのに，水素原子のスペクトルは，はっきりとした数個の波長しか観測されないのは不思議なことだ。

第二のナゾは，「この飛び飛びに出てくる波長の数値には，どんな法則性があるのか」ということである。自然現象である限り，きっと，背後に何かの法則があるに違いない。それはいったいどんなものだろうか。

例えば，1番目のスペクトルを2番目のスペクトルで割ると，

$$6562.10 \div 4860.74 = 1.350020\cdots$$

となる。1.35を分数で表すと$\frac{27}{20}$だ。そんなに分母も分子も大きくはない。これは何かありそうな胸騒ぎがする。そう思って，いろいろ割り算をしてみると，1番目を4番目で割ったときに劇的な数値になる。

$$6562.10 \div 4101.2 = 1.60004\cdots$$

であり，1.6は$\frac{8}{5}$だから，さっきよりもずっと単純な分数になった。これは何かあるに決まっている。隣り合ったスペクトルには，何らかの法則が潜んでいそうである。しかし，法則を突き止めるのはそんなに易しいことではなかった。

平方数が出現！

第二のナゾを解明したのは，ヨハン・バルマーであった。

第8章 ボーアと水素原子内の平方数

彼は 1885 年に,このスペクトルを導く計算式を発見したのであった。なんと 25 年の歳月が必要だったのだ。

バルマーが苦心の末に発見した計算式は次のものであった。スペクトルの波長を λ とすると,それは

$$\lambda = 3645.6 \times 10^{-8} \times \frac{n^2}{n^2-4}$$

$(n = 3, 4, 5, \cdots)$ $\cdots$①

となるというのである。見てわかる通り,最後の分母と分子に平方数が出現している。

本当かどうか,少し確認してみよう。この式で $n = 3$ とおくと,

$$\lambda = 3645.6 \times 10^{-8} \times \frac{3^2}{3^2-4}$$

$$= 3645.6 \times 10^{-8} \times \frac{9}{5}$$

$$= 6562.08 \times 10^{-8}$$

確かに 1 番目のスペクトルとほとんど一致している。次に $n = 6$ とおいてみよう。

$$\lambda = 3645.6 \times 10^{-8} \times \frac{6^2}{6^2-4}$$

$$= 3645.6 \times 10^{-8} \times \frac{36}{32}$$

$$= 3645.6 \times 10^{-8} \times \frac{9}{8}$$

$$= 4101.3 \times 10^{-8}$$

これは 4 番目の数値とほとんど同じである。

ちなみに, 1 番目のスペクトルを 4 番目のスペクトルで割ると, 結局は, 途中に出てきている分数の割り算になる。これを見れば, 商が非常に簡単な数値になったからくりも簡単に理解できる。実際,

$$\frac{9}{5} \div \frac{9}{8} = \frac{8}{5} = 1.6$$

となる。

この法則を, もっとわかりやすい形にするには, 平方数の逆数を作り出すのが良い。①式左辺と右辺の分母分子をひっくり返すと, 波長 λ の逆数は,

$$\frac{1}{\lambda} = \frac{10^8}{3645.6} \times \frac{n^2 - 2^2}{n^2}$$

$$= \frac{4 \times 10^8}{3645.6} \times \left(\frac{1}{2^2} - \frac{1}{n^2}\right) \quad \cdots ②$$

というように表すことができる。これは平方数の逆数の差であるから, より明瞭な形となっている。奇跡的にも, 水素のスペクトルには平方数の逆数が潜んでいたわけである。

バルマーの努力によって, 2 つのナゾに対して, その半分ずつぐらいが解決したと言える。第一のナゾ「なぜ飛び飛びの数値しかないのか」には, 「それは, 平方数が関係するから」と答えることができる。平方数は当然飛び飛びである。第二のナゾ「この飛び飛びに出てくる波長の数値には, どんな法則性があるのか」にも, 「平方数の逆数を 4 分の 1 から

引いた数の定数倍」と答えられる。しかし，ナゾはまだ残っている。「なぜ，平方数，すなわち，自然数の2乗なのか」という点である。物理現象は連続的なはずで，なぜ，自然数だけが現れるのか。これがわからなければ，水素原子の秘密を解き明かしたとは言えないだろう。

現代物理学の父ニールス・ボーア

水素原子のスペクトルのナゾを解決したのは，20世紀前半に活躍したデンマークの物理学者ニールス・ボーアだった。

ボーアは，1885年に医学者の父と名家の娘であった母の間に生まれた。仲のいい弟がおり，弟は後に数学者となった。ボーア自身は，コペンハーゲン大学で物理学を専攻し，1911年に金属電子論で学位を取った。

学位論文を仕上げた年に，ボーアはイギリスのJ.J.トムソンのもとに留学し，その地でラザフォードと運命の出会いを果たした。ラザフォードは，α線の研究から原子の構造を発見し，ちょうどこの年にその論文を発表したのだ。このラザフォード原子の重要性をいち早く理解したのが，ボーアだった。

ボーアは，ラザフォードを訪問するために，1912年にマンチェスターに移った。この年，ラザフォードの下でボーアはα線に対する実験を行い，原子の構造に関していくつかの重要な発見をしている。彼はこれをメモにして，ラザフォードに渡した。このメモはラザフォード・メモと呼ばれ，後に水素スペクトルのナゾを解く考え方につながることになる。

ボーアは，1913年の2月頃にバルマー系列を知ったと考えられている。そして，バルマー系列こそが，ボーアの頭の中に形を成し始めた原子モデルの証拠であると確信したらしい。この年の4月，論文「原子と分子の構成について」が書き上げられた。この論文で，ボーアはバルマー系列の秘密を数学的に解き明かしたのである。

　ボーアの考え方は，すぐに万人に受け入れられたわけではなく，賛否両論があった。例えば，著名な物理学者エーレンフェストは，ローレンツ宛の手紙の中に「ボーアのバルマー公式の量子論についての論文にはがっかりさせられました。あのようなやり方で目的が達成されるのなら，私は物理をやめなければなりません」と書いている。一方で，ボーア理論の検証となる実験が，同じ年のうちに現れた。E.J.エヴァンスは，ヘリウムのスペクトルに対して，ボーアの理論があてはまることを確認した。また翌年に，J.フランクとG.ヘルツは，ボーアが理論の中で仮定していることの証拠を，電子線を水銀蒸気にぶつけることによって確認している。

　このようなボーアの作り上げた原子の構造に関する理論のことを，前期量子論と呼ぶ。

原子の中の宇宙法則

　それでは，ボーアがどうやってバルマー系列のナゾを解いたか，その解説に進むとしよう。

　水素原子は，実験によって原子核と電子から成ることがわかっていた。原子核というのは，プラスの電気を帯びた陽子1個で出来ていて，電子というのは，マイナスの電気を帯び

第8章 ボーアと水素原子内の平方数

た,陽子に比べて十分軽い粒子である。

そこでボーアは,この水素原子を図8―1のような構造だと想像してみた。すなわち,プラスの陽子の周りを,電子が円軌道を描きながら,ぐるぐると回転運動をしているのだ,と。

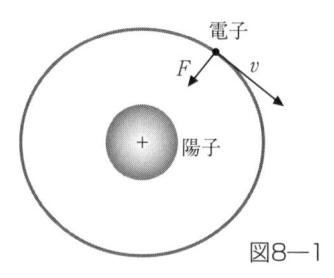

図8―1

マイナスの電気を帯びた物質は,プラスの電気を帯びた物質に引きつけられるので,この向心力によって,電子は陽子の周りを回転運動することになる。これは,第3章67ページで説明した,月が地球の周りを回転運動する原理と全く同じである。そこで,ボーアは,ニュートンの考えをそのまま水素原子核に当てはめてみた。すると,69ページと同じく,次の式が成り立つ。電子の速度をv,円軌道の半径をrとおけば,円運動の加速度aは,

$$a = \frac{v^2}{r}$$

となる。一方,電気力(プラスとマイナスが引き合う力)は,重力と同じように物体の距離の2乗に反比例することが知られている。すると,加速度aが力に比例するという力学法則(66ページ)から,

$$\frac{v^2}{r} = k\frac{1}{r^2} \quad \cdots ③$$

が成り立つことが想定される。ここでkは比例定数である。この描像は、ものすごく画期的と言っていい。なぜなら、広大な宇宙の中の惑星の運行に関してニュートンが見つけた法則を、目に見えない極小の原子の中にも当てはめるものだからだ。

さて、次に、61ページで解説したエネルギー保存則を思い出そう。

地上で運動する物体について、「運動エネルギー」と「位置エネルギー」の和が一定という法則が導かれた。すなわち、運動する物体の速度をv、高さをhとすると、

$$\frac{1}{2}mv^2 + mgh$$

が常に一定になるという法則である。物体の質量に速度の2乗を掛けた$\frac{1}{2}mv^2$が運動エネルギーと呼ばれ、物体の質量にその高さと比例定数gを掛けたmghが位置エネルギーと呼ばれるものであった。物体が運動して、速度や高さが変化しても、この二つのエネルギーの和は常に一定というわけなのだ。

実は、このようなエネルギー保存則は、地球の周りを円運動する月や人工衛星についても、同じように原子核を電子が回転運動するときも成り立つことが知られている。ただし、位置エネルギーを次のように変更しなければならない。

$$位置エネルギー = -\frac{k}{r}$$

第8章 ボーアと水素原子内の平方数

ここでエネルギーがマイナスになっていることが奇異に感じられるかもしれないが、無限の彼方の位置エネルギーをゼロという基準値に置く表現なのである。だから、例えば、半径 r の軌道から半径が2倍の $2r$ の軌道に物体が移動すると、その間に

$$-\frac{k}{2r} - \left(-\frac{k}{r}\right) = \frac{k}{2r}$$

のエネルギーが物体に蓄えられることになる。位置エネルギーは相対的なものであり、その差だけが問題であるから、マイナスであっても不都合はない。

以上によって、陽子から距離 r のところを速度 v で回転運動している質量 m の電子のエネルギー E は、運動エネルギーと位置エネルギーの和として、

$$E = \frac{1}{2}mv^2 + \left(-\frac{k}{r}\right) \quad \cdots ④$$

と表すことができる。ここで③式から、

$$v^2 = \frac{k}{r} \quad \cdots ⑤$$

が成り立つことがわかる。つまり、位置エネルギーも速度の2乗に比例するのである。これを④式に代入すれば電子の全エネルギー E は速度の2乗に定数を掛けたものとわかる。この比例定数を改めて A とおくと、

$$エネルギー E = Av^2 \quad \cdots ⑥$$

となる。さてさて、平方数が出てきた。秘密が解き明かされるのはもうじきである。

185

量子跳躍と量子条件

スペクトルに2乗が現れる理由まではなんとかたどりついた。エネルギーが速度の2乗に比例する量になるからだ。問題は、なぜ値が飛び飛びか、ということである。

ボーアはまず、水素原子から出てくる電磁波は、軌道上を回転運動している電子が、半径の大きい軌道から小さい軌道に「飛び移る」ときに出てくる、と考えた（図8—2）。

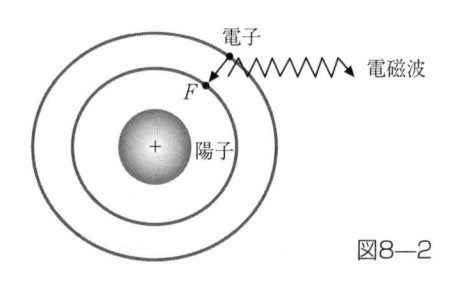

図8—2

イメージとしては、地球を回る月が、突如どすんと一段落っこちて、もっと地球に近いところを回るようになったような感じである。このとき、遠い軌道を回る電子のほうが近い軌道を回る電子よりエネルギーが大きいので、その差のエネルギーが余ることになる。余ったエネルギーが電磁波として水素原子の外側に発光されることになる、そうボーアは考えたのである。これを量子跳躍と呼ぶ。

問題は、なぜ、電磁波のスペクトルが飛び飛びか、言い換えると、なぜ電磁波のエネルギーが飛び飛びかだ。電子が回転運動をする軌道がどんな半径のものでも可能であるなら、このような量子跳躍によって放出されるエネルギーは連続的

なものになるだろう。だから、ボーアは、電子が回転運動をしうる円軌道は、飛び飛びのいくつかの軌道に限られるのだろうと、推論したのである。

そこでボーアは、電子の角運動量が（定数）×（自然数）という数値にしかならない、という仮定を置いた。これを「ボーアの量子条件」と呼ぶ。これは、当時の実験データから類推しておいた仮定だ。質量 m の物体が半径 r の軌道を速度 v で等速円運動するときの角運動量とは mrv である。これから、量子条件は、

$$mrv = \frac{h}{2\pi} n \ (n = 1, 2, 3, \cdots)$$

と設定された。π は円周率、h はプランク定数と呼ばれるものである。

ここで⑤から、

$$rv = \frac{k}{v}$$

が導けるから、これを代入すれば、

$$m\frac{k}{v} = \frac{h}{2\pi} n \ (n = 1, 2, 3, \cdots)$$

となる。したがって、v と n 以外は定数であることを踏まえれば、速度 v は自然数 n と反比例の関係にあることがわかるので、その反比例定数を ε とすれば、電子が円運動をする際に許される速度 v は、

$$v = \varepsilon \frac{1}{n} \quad (n = 1, 2, 3, \cdots)$$

となる。さて、自然数 $n_1 = 2$ に対応する軌道上の電子の速

度を v_1, エネルギーを E_1 とし, 自然数 n_2 (≥ 3) に対応する軌道上の電子の速度を v_2, エネルギーを E_2 としよう。前者のほうが後者より外側の軌道とする。このとき, 前者の軌道から後者の軌道へ電子が「飛び移る」と, エネルギーの差にあたる $E_1 - E_2$ の分が電磁波となって水素原子から出てくる。このエネルギーは, ⑥式から,

$$E_1 - E_2 = A(v_1^2 - v_2^2)$$

$$= A\left(\frac{\varepsilon^2}{n_1^2} - \frac{\varepsilon^2}{n_2^2}\right)$$

$$= A\varepsilon^2\left(\frac{1}{2^2} - \frac{1}{n_2^2}\right)$$

となって, みごとにバルマー系列の式②と同じ式, すなわち, 平方数の逆数の差が出てくることになった。

電子の軌道が飛び飛びなのはなぜか

ボーアによるバルマー系列のナゾの解明でポイントになったのは, 量子条件である。すなわち, 電子の角運動量が自然数の定数倍でなければならない, という条件だった。では, なぜ, そうでなければならないのだろうか。実は, この性質は, ミクロの物質世界の根本的な原理「ミクロの世界では, 飛び飛びの離散的な量しか現れない」に触れるものなのである。

このようなミクロの世界の不連続性の発見の発端は, プランクによるものだ。

プランクは, 物質が光を吸収・放出するときにやりとりされるエネルギーは, 光の振動数を ν として, $h\nu$ の自然数倍

第8章　ボーアと水素原子内の平方数

でなければならない，という仮説を立てたのであった。ここで，h はプランク定数である。

このプランクの仮説の正しさを検証したのが，アインシュタイン（第9章）の光電効果に関する1905年の論文だった。光電効果とは，金属に光を照射したとき，金属内部から電子が叩き出される現象のことである。この際，振動数がある限界よりも小さいならば，いくら強い光を当てても電子は飛び出してこないことが実験でわかっており，このような不連続性に説明がつかなかった。アインシュタインは，これをみごとに説明する理論を提示したのである。

アインシュタインは，振動数 ν の光はエネルギーが $E = h\nu$ の粒子の集合のようにふるまうと仮定し，光電効果は金属中の電子がこの光の粒子を1つ吸収して金属の外に飛び出す現象だと説明した。これを光量子説という。

このアインシュタインの光量子説を逆手にとった考えを持ったのが，ド・ブロイである。彼は，これまで波動と考えられていた光が粒子の性質を持つなら，逆に，粒子と見なされていた電子も波動の性質を持つのではないかと考えた。そのような電子にともなう波動を電子波という。

ド・ブロイは，運動量が $p = mv$ の電子波の波長 λ は，

$$\lambda = \frac{h}{p} = \frac{h}{mv}$$

とした。実は，これによって，ボーアの量子条件を正当化することができるのである。

電子が原子の中の軌道上で波動になっているのだとすると，軌道上で定常波となっていなければならない。つまり，

189

図のように，軌道をぐるっと一周してきたときに，位相が少しずれているなら，自分と自分が干渉しあうことによって消えてしまうはずだ。したがって，軌道を一周してきたときに位相が元に戻るような波動だけが生き残るのである。ちなみに，このことは，ギターにおいて，あるいくつかの特定の場所をはじいたときだけ音が鳴る（そういう位置にフレットがついている）のと同じ原理である。

定常波となることから，電子の軌道はちょうど波長の整数倍でなければいけない。半径 r の円軌道の長さ $2\pi r$ が，波長 λ のちょうど自然数倍であることから，

$$2\pi r = \lambda n = \frac{h}{mv} n \ (n = 1, 2, 3, \cdots)$$

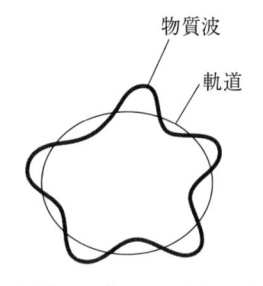

物質波
軌道

（1周してピッタリもとに戻る）
→生き残る

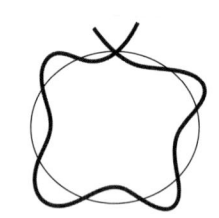

1周するごとに位相が少しずれると打ち消しあって消えてしまう

図8—3

でなければならない。この式を変形すれば，

$$mrv = \frac{h}{2\pi} n \ (n = 1, 2, 3, \cdots)$$

となって，ボーアの量子条件がそのまま出てくることにな

る。

幸運な偶然

　ボーアの原子モデルは，古典的なニュートン力学と波動の理論とを合体させたものであった。つまり，マクロの世界とミクロの世界がある意味で対応していることを示している。しかし，水素原子のスペクトルがこの方法で説明できるのは，幸運な偶然であることが次第に明らかとなった。ボーアの原子モデルで説明できない現象が，実験で確認され始めたからであった。ボーアの提出した1920年代前半までのミクロ世界の描像を，前期量子論と呼ぶ。

　前期量子論の限界を突破したのは，二人の物理学者であった。一人はドイツのハイゼンベルクであり，もう一人はオーストリアのシュレーディンガーである。ハイゼンベルクは，粒子の運動を行列を使って表す行列力学を作り上げ，他方，シュレーディンガーは物質波として捉える波動力学を提出した。その後，前者と後者は同値なものであることが証明されることとなった。

　ハイゼンベルクやシュレーディンガーの量子力学は，水素原子の部分ではボーアモデルとたまたま一致するが，他のところではズレが起きる。とは言っても，量子力学がこれまでの物理学と抜本的に異なるもの，というわけではない。ニュートン力学は，ある種の操作をすれば量子力学の特殊ケースとして理解できることがいくつかの方面で証明されている。そういう意味で，ボーアモデルは，単なる「まぐれ当たり」だということではない。量子力学と古典力学がほとんど数学

的操作をすることなしに，ほぼそのままの形で一致する珍しいケースだったのである。

ミクロの世界は複素数の姿をしている

シュレーディンガーは，ミクロの世界の物質の運動について成り立つべき方程式を発見した。それは，シュレーディンガー方程式と呼ばれる。シュレーディンガー方程式の際だった特徴は次の2つである。

①確率を表す方程式である。
②複素数を使って記述する。

この2つの特徴は，ミクロの物質の運動に関する性質を表現するのにみごとにフィットするのである。この2つの特徴から，ミクロの物質の運動は，私たちが接している世界の法則とは著しく異なることがわかる。そして，そのことは，実験から明らかにされた。

まず，ミクロの物質の運動には，「本源的な不確実性」がある。だから，ミクロの物質について何かを言明するときは，「確率的」にしか記述できないのである。例えば，水素原子の中を運動している電子について，「電子はここに存在する」と決定することはできず，ただ「ここに存在する確率はいくつである」と，確率を与えることしかできない。これは，「実はここに存在しているか存在していないか決定されているが，人間にはわからない」という「知識不足の問題」「情報不足の問題」ではなく，「自然界として，決定していな

第8章 ボーアと水素原子内の平方数

い」のである。さらには、ミクロの物質は、物質であるにもかかわらず、波の性質を備えていることも判明した。例えば、ド・ブロイが発見したように、電子は粒子であるとともに波の性質も持っているのである。

シュレーディンガー方程式は、先ほど述べた2つの特徴を利用して、このようなミクロの物質の性質を捉えることに成功した。このことを以下に説明するが、きちんとしたシュレーディンガー方程式を述べるのは本書のレベルを超えるので、簡易化したものであることを事前にお断りしておく。

今、水素原子の内部を図8—4のような円型でモデル化することにする。

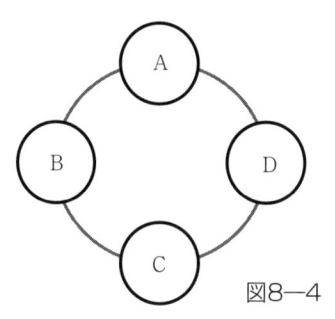

図8—4

水素原子の中は、図のように輪になってつながった4つの場所A，B，C，Dからなっているとしよう。この水素原子の中に1個の電子が運動していて、存在しうる場所はこの4つの場所A，B，C，Dに限られると仮定する。この電子の状態を表すのに、波動関数というものが用いられる。波動関数は、ψという記号で書かれ、以下のような関数$\psi(x)$で記述される。ここでxは電子の位置だが、今はxはx_A，

193

x_B, x_C, x_D の4通りしかないものとする。ただし、それぞれの場所での波動関数の値、$\psi(x_A)$, $\psi(x_B)$, $\psi(x_C)$, $\psi(x_D)$ は複素数になっているのが顕著な特徴なのだ。

これら4つの複素数はどのような意味を持っているのだろうか。それは、そのノルムがその場所の存在確率を表すということなのだ。複素数 $z = x + yi$ のノルム $N(z)$ とは、

$$N(z) = x^2 + y^2$$

と定義される。この計算は、第5章のガウス整数のところでも出現した平方和となっている。このノルムを利用すると、「電子がAに存在する確率」は、波動関数の値 $\psi(x_A)$ に対するノルム $N(\psi(x_A))$ として計算されるのである。電子の運動が、複素数で表現され、そのノルムが存在確率を表す、というのが私たちのこの世界の仕組みだというのだから、あまりの不思議さに驚いてしまう。

今、このモデルを使って、最もわかりやすい例で電子の存在確率のことを解説してみよう。波動関数 ψ が次のようであると仮定する。

$$\psi(x_A) = \frac{1}{2}, \quad \psi(x_B) = \frac{1}{2}i,$$

$$\psi(x_C) = -\frac{1}{2}, \quad \psi(x_D) = -\frac{1}{2}i$$

このノルムを計算すれば、電子の各場所の存在確率になる。例えば、場所Bの存在確率を計算しよう。

$$\psi(x_B) = 0 + \frac{1}{2}i$$

だから、ノルムを計算すると、

第8章 ボーアと水素原子内の平方数

$$N(\psi(x_B)) = 0^2 + \left(\frac{1}{2}\right)^2 = \frac{1}{4}$$

となる。つまり、電子が場所Bに存在する確率は $\frac{1}{4}$ になる、ということである。同様にして、Aに存在する確率も、Cに存在する確率も、Dに存在する確率も同じく $\frac{1}{4}$ と計算される。

$\psi(x)$ の値がこうなっている場合、これが意味することは2つある。第一は、電子は水素原子の中のどの場所にも等確率 $\left(\frac{1}{4}\right)$ で存在するので、「どこにある」とは定まらない。つまり、どの場所にも均等に存在していることになる。そして第二は、波動関数の4個の複素数の値を複素平面に描いた図8—5からわかるように、電子の状態は波のようにうねっていて、一周するとちょうど元に戻る。

要するに、電子の作る複素数の波動が定常状態になっている、ということである。これは、ド・ブロイやボーアの考えた電子波を正当化している。

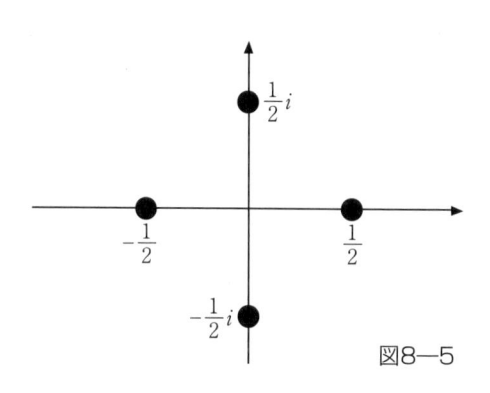

図8—5

幸運な一致の理由

最後に,バルマー系列をボーアモデルで説明することが,なぜ成功を収めたのかを,シュレーディンガー方程式の観点から簡単にコメントしておこう。

水素原子内の陽子から距離 r にある軌道を回っている電子の質量を m とし,運動量を p とする。ここで速度ではなく運動量を使うのは,電子波の運動は速度ではなく運動量を使って記述しなければならないことに依存する。このとき,この電子の持つエネルギーは,

$$E = \frac{p^2}{2m} + \left(-\frac{k}{r}\right)$$

となる。ここでシュレーディンガー方程式を本当に解くのは大変なので,それとほぼ同等の計算によって,

$$rp = \frac{h}{2\pi} n \ (n = 1, 2, 3, \cdots)$$

という関係式を求める。この2つの関係式を古典モデルに対応させるため,運動量 p を無理矢理,古典的な運動量 mv に置き換えてみよう。すると,前者の式は,

$$E = \frac{1}{2} mv^2 + \left(-\frac{k}{r}\right)$$

となり,後者の式は,

$$mrv = \frac{h}{2\pi} n \ (n = 1, 2, 3, \cdots)$$

これは,ボーアモデルのときの2つの式と全く一致している。つまり,シュレーディンガー方程式を解く(のと同値

の）プロセスを経てバルマー系列を導き出しても，結局は，ボーアモデルと同様の計算をすることになる，というわけなのだ。

以上で，ミクロの世界に現れたバルマー系列の平方数の秘密を突き止めた。それはおおざっぱにいうと，ミクロの世界では飛び飛びの運動量（速度にあたる量）しか取りえないこと，それと運動エネルギーと位置エネルギーの両方が運動量の2乗（速度の2乗）に比例する量になることから来ていると言っていい。

驚くことはそればかりではない。ミクロの物質の運動は，確率的に表現するしかなく，その確率は複素数のノルムで表されることもわかった。ここにも2乗計算が現れている。このように，ミクロの世界もまた2乗に支配された世界であることが判明したのだ。

[平方数を好きになる問題] ❽

n が自然数で，$2n+1$ が平方数のとき，$n+1$ は 2 個の平方数の和となることが知られています。

① $n=12$ のとき，この事実を確認してみてください。

② この事実を証明して見ましょう。

> **ヒント**
>
> $2n+1$ は奇数だから，奇数の平方となることを利用してみましょう。
>
> （解答は238ページ）

第9章
アインシュタインと $E=mc^2$

平方数をめぐる旅も、いよいよ最終目的地となった。最後を飾るのは、あのアインシュタインの発見した最も有名な公式
$$E = mc^2$$
である。これは、物質の質量がエネルギーに変換されることを表す式であり、その変換は、「質量に光速の2乗を掛けたものがエネルギーになる」というものだ。みごとに「2乗の世界」が眼前に広がるではないか。本章の究極の目標は、この公式をできるだけ簡単に導くことである。

　その目標を達成する過程で副産物も得られる。それは、特殊相対性理論という、20世紀最大の発見の一つを理解できることである。この理論は、かいつまんで言えば、ピタゴラスの定理の物理的空間への拡張版だと言っていい。つまり、本書は、数学的な空間（ユークリッド空間）でのピタゴラスの定理（距離だけの2乗の和）から出発して、物理的空間（ミンコフスキー空間と呼ばれる）でのピタゴラスの定理（時間も含めた2乗の和）を終着点とする本だとまとめることができよう。

天才アインシュタインの特殊相対性理論

　前世紀で最も有名な科学者はアインシュタインと言っていいだろう。アインシュタインは、物理学において多くの業績を残したが、一般人にとって最も有名な業績は特殊相対性理論である。私たちが暮らすこの宇宙空間において、空間が歪んだり、時間が遅くなったり速くなったりする、というSFチックな出来事が起きることが科学的に示されるからだ。

とりわけ，その帰結として出てくる公式 $E = mc^2$ は誰もが一度は目にしたことのある式である。Tシャツのデザインにまでなっている。

アインシュタインは，あまりに有名人物なので，ここでは最小限の紹介に留めておこう。アインシュタインは，1879年にドイツに生まれた。1900年にチューリッヒのスイス連邦工科大学を卒業するも，研究者の地位は得られず，工業学校の代理教員や家庭教師をして不遇な境遇を過ごし，その後，友人の斡旋で特許局に就職した。そして1905年が，「奇跡の年」と呼ばれる転換期となった。26歳のアインシュタインは，その後の物理学を大きく変革することとなる5本の論文を発表したからである。特殊相対性理論は，この中の2本を構成している。

川の流れの速度を知る方法

特殊相対性理論は，ある座標系での運動を別の空間から観測すると，距離や時間が歪んで観測される，というまか不思議な理論であるが，その基本原理はそんなに難しいものではない。流水算と呼ばれる算数に多少のルート計算を加えたもので十分説明可能なのである。以下，順を追って説明していこう。

最初は，すべての基本となる流水算そのものを理解してもらう。

今，図9—1のような幅が90メートルの川がある。川は，右から左に流れているとする。岸ぎりぎりの川上の点をAとし，Aとちょうど反対側の川上の点をBとする。当然，

AB = 90メートルである。また，Aから川下に90メートル下った川上の点をCとする。つまり，AC = 90メートルである。このとき，船を等速でこいで，ABを往復する時間，ACを往復する時間の2つの時間の比を知ることによって，川の流速vがわかるのである。

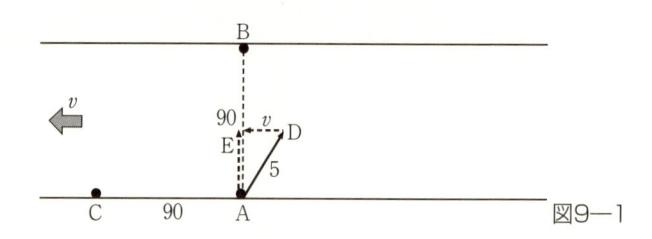

図9—1

ここで，船は水に対して毎秒5メートルの速さでこぐものと設定しよう。

まず，船でAB間を往復するためには，対岸に向かって真っ直ぐに（すなわち，岸に垂直に）こいではいけないことを確認されたし。なぜなら，そういう風にこぐと川に流されて，Aから出発してBに到着できないからである。この場合，川に流されることを計算に入れ，図に描き入れた矢印ADの方向にこがなければならない。このこぎかたでは，1秒間で5メートル（= AD）進むが，川の流れによって，Eまで（DE = vだけ）流されることで，ちょうど矢印AEの分だけ進んでいることになるのである。ピタゴラスの定理（16ページ）から，

$$\text{船のAB方向の速度} = \sqrt{5^2 - v^2} = \sqrt{25 - v^2}$$

となる。したがって，船がAB間を往復するのに要する時間は，90 × 2メートルをこの速度で割ったものだから，

$$\text{AB 間に要する時間} = \frac{90 \times 2}{\sqrt{25 - v^2}} \quad \cdots ①$$

となる。他方，AC 間の往復はどうなるだろうか。A から C に向かうときは，川に流されて速くなることから $5 + v$ の速度になる。C から A に向かうときは，川の流れに逆らうことから遅くなって $5 - v$ となる。したがって，

$$\text{AC 間に要する時間} = \frac{90}{5 + v} + \frac{90}{5 - v}$$
$$= \frac{900}{25 - v^2} \quad \cdots ②$$

となる。この①と②の関係，例えばその比が与えられれば，流速 v を求めることができる。実際，①と②の比は，

$$\frac{90 \times 2}{\sqrt{25 - v^2}} : \frac{900}{25 - v^2} = \sqrt{25 - v^2} : 5$$

となるので，例えば比が 3：5 と与えられるなら $v = 4$ と求まる。

動く世界の速度を求める

この川の流速を求める方法は，もっと面白いことに利用できる。それは，「この世界がどのくらいの速度で動いているか」を突き止める営為である。次のようなケースを考えよう。

今，図9—2を，大きな船のデッキ上とする。これから先，すべての計測は船のデッキ上で行われることを胸にとめて読んでいってほしい。船は右方向に速度 v で運航しているとする。デッキ上の船の進行方向に向かって右端の A 地点に発射装置を置き，それと真反対の進行方向左側の B 地点

に反射板を置く。AB = 90 メートルに設定する。さらに，A 地点から進行方向ちょうど 90 メートル前方の C 地点にも反射板を置く。この 2 つの反射板を使って，船の運航速度 v を計測しようというわけなのだ。

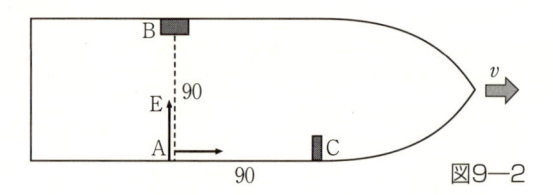

図9—2

船の進行を川の流れに対応させれば，川の流速を求めたのと同じ方法で船の進行速度もわかりそうなものである。しかし，ここでもう一つ大事なことを考える必要がある。それは「何を発射し，反射させるか」ということだ。

例えば，2 つのボールを A 地点の発射台から同時に毎秒 5 メートルの速度で発射させ，B と C で反射させ，戻ってきたものを A で受け取ったらどうだろうか。その時間差によって船の速度 v がわかるだろうか。

実は，この方法ではうまくいかないのである。なぜなら，両方のボールが同時に戻ってきてしまうからだ。どうしてそうなるかと言うと，それは第 3 章で紹介したガリレイの「相対性原理」（57 ページ）から理解できる。すなわち，等速直線運動で動いている世界では，すべての力学は動いていない世界と同じになる。動いていない世界では，AB 間も AC 間も同じ 90 メートルだから，等速で打ち出したボールは同時に戻ってくる。だから，等速直線運動している世界でも，ボールは同時に戻ってきてしまう。したがって，この方法で

第9章　アインシュタインと $E = mc^2$

「世界がどのくらいの速度で動いているか」を見出すことができない。

このことを、もう少し具体的に説明しよう。

まず、AからBにめがけてボールを発射する際、前節の川を渡る船の場合を見習って斜めに発射する必要はない。Bに向けてそのまま真っ直ぐ発射すればいい。なぜなら、56ページで解説したように、右方向に速度vで運航する船上で発射されたボールには、自動的に進行方向にvの速度が加えられることになる。したがって、船の上空に浮かぶ鳥から眺めるなら、ボールは右斜め方向に打ち出されたように見える。だから、ボールは船の進行方向には速度vを持ち、同時にB地点に向かって毎秒5メートルで船上を直進することになるのである。このことは、AC間でも同様だ。船の外から見れば、速度vが加わっているので、船のデッキ上では毎秒5メートルに観測される。これが、ガリレイの相対性原理である。

これを身近な観察から言うと次のようになる。すなわち、私たちは、安定した等速運動をしている列車の中では、家にいるのと何も変わらぬ生活ができる。列車が動いていることを意識しないし、また、意識しなくとも何の不都合も起きない。これは、力学的な法則が静止した世界とすべて同じに働くからなのだ。

音波を利用すれば、船の速度がわかる

ところが、面白いことに、船の速度vを計測できるような発射物も存在するのである。それは、「音」、つまり、「音

波」なのである（以下，すべての観測は船のデッキ上で行われることをもう一度確認しておいてほしい）。

まず，音波の振る舞いは，止まっている世界と動いている世界とで区別があることに注意しよう。その端的な例が「ドップラー効果」である。ドップラー効果とは，近づいている救急車のサイレンの音程が変化する，あれのことだ。なぜ，こういうことが起きるかというと，音というのは空気の圧力の振動が伝播するものなので，音源が動いていてもそれが音波の伝播速度に無関係となるからなのである。つまり，音に関する物理現象ではガリレイの相対性原理が成り立たない。したがって，音波を使えば，先ほどの船の運航速度 v を知ることができる。

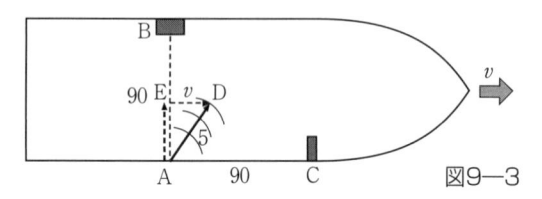

図9—3

今，A から音波を秒速5メートルで発射してみよう（実際の音波は空気中を秒速331メートル（気温が0℃のとき）ぐらいで伝わるので，これは荒唐無稽な仮定だが，計算をしやすくするための架空の設定と理解してほしい）。音波は発射されるとすべての方向に一斉に広がっていく。その速度は船の速度 v とは無関係である。

この場合は，広がっていく音波の中で，図9—3の矢印 AD 方向に伝わっていくものが反射板 B に到達し跳ね返ることになる。AD 方向の音波は，船の進行方向に対して毎秒

ED の長さの速度で進むから船の進行方向に対して反射板 B と同じ速度で伝播する。他方，船を横切る方向では AE の長さ（$=\sqrt{25-v^2}$）の速度で反射板 B に近づいていく。したがって，音波が AB 間を往復するのに要する時間は，

$$\text{AB 間に要する時間} = \frac{90 \times 2}{\sqrt{25-v^2}}$$

となる。これは，前の①と同じである。

他方，A から発射され C に向かっていく音波は，C を目指しているうちは船が後方に v の速度で遠ざかるので速度 $(5-v)$ で C に近づいていく。また，C で反射した後は，A が速度 v で近づいてくるから，音波は A に速度 $(5+v)$ で近づいていく。したがって，音波は AC 間を往復するのに要する時間は，

$$\text{AC 間に要する時間} = \frac{90}{5-v} + \frac{90}{5+v} = \frac{900}{25-v^2}$$

これは②式と同じである。

以上のように音波を使えば，流水算と同じ観測が得られる。例えば往復時間の比が 3：5 と観測されれば，船の運航速度 v が秒速 4 メートルと求められることになる。

地球の絶対速度を求める試み

この「音波を利用して船の運航速度を求める方法」を利用すれば，地球の絶対速度を求められるのではないか，そう物理学者は考えた。ここで絶対速度というのは，宇宙という絶対空間の中を物質が進む速度のことである。ホイヘンスという 17 世紀オランダの物理学者は，宇宙空間はエーテルと呼

ばれる物質で埋め尽くされているが，それは人間には知覚できないという仮説を唱えた。そして，光はエーテルの振動が伝播する現象だと理解したのである。

このエーテル説が正しいなら，音波を使って船の速度を計測した真似をすれば，光を使って地球の絶対速度を計測できるはずだ。そこで，光を利用して地球がエーテルの中を進む速度（地球の絶対速度）を計測しようとする実験が行われたのである。中でも有名なのは，マイケルソンとモーレーによる1887年の実験である。これは，原理的には前節で説明した船上での実験と同じ方法である。

結果は驚くべきものであった。いつ計測しても，つまり，地球が太陽の周りを回る運動がどの方向であっても，季節によらず，光のAB間の往復時間とAC間の往復時間は常に一致してしまうのであった。これを素直に解釈すると，「地球の絶対速度はゼロ」となる。つまり，地球はエーテルの充満する絶対空間の中で静止している，ということになってしまったのである。これは天動説の再来であり，あまりに奇異な結論だった。

空間は収縮する

この不可思議な実験結果を合理的に説明しようとしたのが，19世紀から20世紀に活躍したオランダの物理学者ローレンツである。ローレンツは非常に大胆な仮説を提唱した。それは，「地球が進行する方向ではものの長さが縮む」という仮説であった。実際，この仮説を導入すれば，光の速度がいつも同じに計測されることを説明できる。

このことを，前々節の船のデッキ上の音波の計測の例で説明してみよう。船→地球，空気→（エーテルの満たす絶対空間），音波→光（電磁波），音速（毎秒5メートルとしている）→光速，と変更すれば，ローレンツの説明に早変わりする。

　この例に対して，速度 v で運航する船上では，モノの長さが船の進行方向に対して，

$$\sqrt{1-\left(\frac{v}{5}\right)^2}$$

の倍率で縮む，という仮定を導入してみよう。すると，AC方向は船の進行方向だから，90メートルの長さは，

$$90\times\sqrt{1-\left(\frac{v}{5}\right)^2}$$

に縮むことになる。すると，音波が AC 間を往復するのにかかる時間は，

$$\text{AC 間に要する時間}=\frac{90\sqrt{1-\left(\frac{v}{5}\right)^2}}{5-v}$$
$$+\frac{90\sqrt{1-\left(\frac{v}{5}\right)^2}}{5+v}$$
$$=\frac{900\sqrt{1-\left(\frac{v}{5}\right)^2}}{25-v^2}$$

となる。これを計算してみると，

$$\frac{900\sqrt{1-\left(\frac{v}{5}\right)^2}}{25-v^2}=\frac{180\sqrt{25-v^2}}{(\sqrt{25-v^2})^2}=\frac{180}{\sqrt{25-v^2}}$$

となる。これは，AB 間の往復に要する時間（203ページの①式）とぴったり同じになる。

これで光速度がいつでもどこでも同一に計測される理由は、とりあえずは説明できた。しかし、私たちの生活実感からして、モノの長さが縮むなどということは全く経験しない。これはどうしてなのだろうか。

このことについてのローレンツの説明はなかなか奇抜なものである。すなわち、私たちはモノの長さを計測するとき、何かの物差しを使う。その物差しもいっしょに長さが縮んでしまうから、長さの収縮に気付かないというのである。

このような運動する物体の長さの収縮は、「ローレンツ収縮」と呼ばれる。

いよいよ、アインシュタインの登場

光の速度をめぐるこのナゾを完全に解決したのは、アインシュタインだった。アインシュタインは、その際、次の2つの問題について深く思索した。一つは、これまで説明したような光の速度の不変性である。そして、もう一つは電磁気学に関する疑問であった。

電磁波について、その挙動はマクスウェルの方程式と呼ばれる偏微分方程式で完全に記述されることがわかっていた。しかし、この方程式には、静止している世界と等速直線運動をしている世界の間で明らかな非対称性が見られた。最も簡単な例でいうと、磁界の中を動く電線の中の電子はローレンツ力と呼ばれる力を受ける。他方、静止している電線の周囲の磁界が変化すると、そこに電場が出来て、電流（電子の流れ）が流れる。この2つの現象において、電線と磁界の関係は相対的（どちらが動いているとも特定できない）にもかか

わらず，明らかに異なる物理現象が生じるのである。これは，ガリレイが提示した相対性原理（57ページ）に反するものと捉えられた。

アインシュタインは，光速度が不変となるナゾと，電磁波に関するマクスウェルの方程式のナゾを，同時に解決する理論を思いついたのだ。それが，特殊相対性理論であった。

アインシュタインは，次の2つの原理を仮定した。

（相対性原理）　等速直線運動で移動する2つの世界で同じ物理現象を観測するとき，それは同じに観測される。言い換えると，2つの世界では，力学法則も電磁気学的（光学的）法則も同じに成り立つ。
（光速度不変の原理）　光（電磁気）に関係する現象は，等速で移動するどの世界から観測しても，光速度についてすべて同じ速度 c が観測される。

この2つの原理を組にして，「相対性理論の基本原理」という。アインシュタインは，この2つの原理を縦横無尽に使って，想像を絶するこの宇宙の法則を解き明かしたのである。

歪む時間

まず始めに，相対性理論の基本原理を受け入れると，私たちの常識が簡単に覆されることを説明しよう。

もう一度，206ページ図9―3の船のデッキ上の実験を見てほしい。ただし，発射するのは音波ではなく光（電磁波）

とし，反射板は鏡としよう。

まず，デッキに乗っている人には，光はB，Cの反射板（鏡）で同時に跳ね返って，点Aに同時に戻ってくるように観測される。次にこれを，船に乗らず，海に浮かんで静止したイカダの上から観測している人について考えてみよう。船はこの人にとって，速度vで等速直線運動しているように見えるし，逆に船の上の人にはこのイカダ上の人が速度vで（船の動きとは反対向きに）等速直線運動しているように見える。さて，光速度不変の原理から，このイカダ上の人にも光は同じ光速cで走っているように見えなければならない。

ところが，反射板Cは光に対して前方に逃げていくように見えるから，光はCまではACの長さより長い距離を進んだ上で到着しなければならない。つまり，光が反射板Cに到着するまでの時間は，光がAからCまで進むのをデッキ上で観測している時間よりも長くなる。ということは，観測者によって，同じ物理現象に対して，それに要する時間が異なることがありうることになってしまう。ここに，ニュートン以来信じられてきた時間というものの絶対性が崩されることになったのである。言い換えると，観測者によって2つの出来事の間の時間間隔が異なる，ということなのだ。

その一方で，デッキ上では，「Aから発射されて，AB間を往復する光と，AC間を往復する光は同時に到着する」と観測されるから，相対性の原理から，これはイカダの上の人にも同じに観測されなければならない。イカダの上で観測する人が素直に計算すると，光がAB間の往復に要する時間は①で，AC間の往復に要する時間は②である（ただし，光速

第9章 アインシュタインと $E=mc^2$

を毎秒5メートルとした場合)。当然，①≠②だから光が同時に到着しなくなってしまう。これを解決するには，ローレンツ収縮が必要となる。

このように，相対性理論の原理を受け入れると，時間も空間も歪むことになってしまうのである。

異なる座標系の観測者

前節でざっくり解説した空間や時間の歪みを，もう少しきちんと数値的に表してみよう。

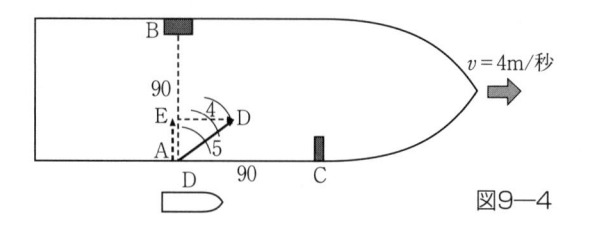

図9—4

再び，206ページと同じく，船のデッキ上の実験を使うことにする。

今，船は右の方向に，毎秒4メートルで運航しているとしよう（206ページで言えば，$v=4$ m/秒ということ）。また，光速は，（本当は秒速30万キロメートルだが）ここでは秒速5メートルと設定しておく。ちなみに，こうしても議論の正しさは損なわれないことは事前にお断りしておく。

2人の観測者を考え，次のように名前を付ける。図9—4のAの地点に立っている観測者をAさんと呼ぶ。また，海上に浮かび静止しているイカダ上に立っている人をDさんと名付ける。船は図の右方に向かって速度vで進んでいるか

213

ら，Dさんから見ると，Aさんは右方に毎秒4メートルで移動していくように見える。他方，Aさんから見ると，Dさんは左方に毎秒4メートルで移動していくように見える。

この設定の中で，次のような実験をしよう。Aさんは，自分の時計が時刻0をさした瞬間，光を発射する。光は基本的に球面波で，四方八方に向かって球面状に広がっていくから，Bに到達する光は図のように斜めに発進されたものである。他方，ACは船の進行方向を向いているのでCに向かって発進された光がCに到達する。この二種類の光がそれぞれBとCに置かれた反射板（鏡）で反射してAに戻ってくる。

この光の往復を，船のデッキ上のAさんとイカダ上のDさんが観測すると，それぞれどう見えるだろうか。各自に，観測結果を証言してもらおう。

Aさんの証言

「反射板BとCは，自分に対して90メートル離れた場所で静止しています。光は秒速5メートルで90メートルの距離を往復してきますので，両方とも，$(90 \div 5) \times 2 = 36$ 秒，の時間で自分のところに戻ってきます。すなわち，光が戻ってくるのは同時で，時刻は36秒後です」

この証言の中には，光速度不変の原理がちゃんと入っている。206ページの音波の実験では，観測者Aは音波に対して近づくので，往路では音波の速度は実際より遅く観測され，復路では実際より速く観測されるはずだ。しかし，光速

214

第9章　アインシュタインと$E = mc^2$

度の場合は，光速度不変の原理から，Aさんに往路でも復路でも同じ光速（毎秒5メートル）と観測されるのである。

次にDさんの証言を聞いてみよう。

Dさんの証言

「Aさん，反射板B，反射板Cはそれぞれみんな自分に対して，秒速4メートルで右方向に移動しています。他方，Aさんが発射した光は船の外のイカダの上にいる自分には毎秒5メートルに見えます。まず，Bの反射板（鏡）で反射して戻ってくるまでの時間を測ってみます。

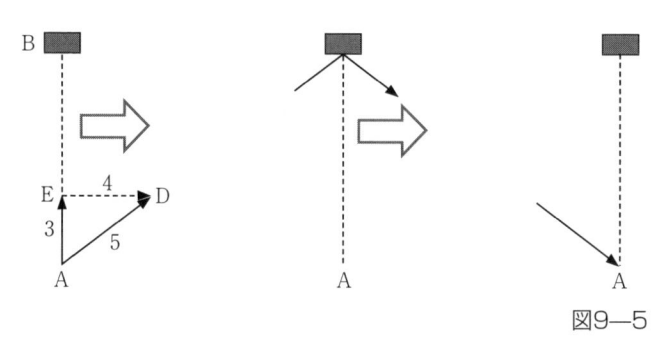

図9—5

図9—5を見ればわかるように，船が毎秒4メートルで右方向に動いているので，反射板Bに反射する光は，右方向には毎秒4メートルで進むような光ですから，ピタゴラスの定理から，AB方向には毎秒3メートルで進みます。したがって，光がAB間を往復する時間は，

　　　$(90 \div 3) \times 2 = 60$ 秒

です。

次にCの反射板で反射して往復する時間を計測してみま

215

す。AさんはAC間を90メートルだと言っていますが、そうではありません。もしもそうだと困ったことが起きるのです。というのも、往路ではCは光から秒速4メートルで逃げて行きますから、毎秒5メートルの光はCに対して、毎秒1メートルずつ近づいていくことになります。したがって、Cに到達するまでに

　　　90 ÷ 1 = 90 秒

の時間がかかります。また、復路ではAは光に秒速4メートルで近づきますから、光とAは毎秒9メートルずつ接近していくことになります。したがって、Cを反射した光がAに到達するには、

　　　90 ÷ 9 = 10 秒

かかります。合計すると、AC間の往復に

　　　90 + 10 = 100 秒

かかります。AB間は60秒で、AC間は100秒ですから、2つの光は同時にAさんに到着しません。そうなると、Aさんと自分には、光の往復が同じ現象とは見えません。これは相対性の原理に反します。そういうわけで、AC間が90メートルというのは自分には正しくないのです。

　実は、AC間はAさんの言う距離の5分の3になっていて、実際には

$$90 \times \left(\frac{3}{5}\right) = 54 \text{ メートル}$$

でした。この距離だとつじつまがあいます。なぜなら、AC間の往復時間が、

　　　(54 ÷ 1) + (54 ÷ 9) = 54 + 6 = 60 秒

第9章　アインシュタインと $E = mc^2$

となって、ちゃんと AB 間を往復してきた光と同時に到着します」

以上の D さんの証言によって、相対性理論の原理を受け入れるなら、ローレンツ収縮を受け入れなければならないことがわかった。これは、

ローレンツ収縮

動いている世界のことを観測すると動いている方向に長さは縮んで見える。

ということである。A さんはこの D さんの証言には反論するだろう。なぜなら、A さんには AB 間も AC 間もどちらも 90 メートルと計測されるからである。これに対して D さんはこう説明するだろう。「A さんが距離を測る様子を見ていましたが、AB 方向を測り終わったあと、AC 方向に物差しを向けた瞬間、物差しが縮むのが見えました。つまり、1 メートルがその 5 分の 3 の 60 センチに縮んでしまっているのです」と。つまり、A さんの世界では、AC 方向ではものさしを含むすべての長さが同じ比率で収縮するので、AB と AC が同じ距離に計測されてしまうわけなのだ。

収縮しているのは長さだけではない。光の往復時間について、A さんは 36 秒といい、D さんは 60 秒と言っている。つまり、動いている世界では時間も変化するのである。

実は、さらに不可思議なことが起きている。A を出発した光が B と C に「どの時刻に」到着したかについて証言をしてもらおう。

> **Aさんの証言**

AB間もAC間も両方90メートルで,光速は毎秒5メートルですから,当然光は,BにもCにも18秒後に同時に到着しています。

> **Dさんの証言**

AB間では光は,斜め方向(矢印AD方向)に進みます。したがって,AB方向には毎秒3メートルで進んでいますから,Bに到着するのは90÷3＝30秒後です。他方,AC間では,秒速4メートルで遠ざかっていく反射板Cを光は秒速5メートルで追っていくので,その隔たりは毎秒1メートルずつ縮みます。AC間の距離はローレンツ収縮によって,90メートルの5分の3の54メートルに収縮しているので,光がCに到着する時刻は54秒後です。つまり,光はBに先に到着し,Cにはその後到着します。

またまた面白い結果が出た。Aさんにとって「別の場所で同時に起きている現象」が,Dさんにとっては「別の場所で別の時刻に起きている」ということになった。すなわち,「別の場所での出来事の同時性」ということも崩れてしまう,ということになったのである。

歪む時間・空間の中での不変量

前節で解説したように,船のデッキ上に立っているAさんと,船の外側で海上に静止しているイカダ上に立っている

第9章　アインシュタインと$E = mc^2$

Dさんとでは，光の往復という同じ現象を観測していても，いろいろな点で違いが出てしまった。これは，私たちが普段認識していることと大きく違っている。

例えば，私たちの常識では，2点間の距離というのは，静止して測っても，等速直線運動している世界で測っても同じに測られる。他方，アインシュタインの描く世界ではそれは違い得る。また，私たちの常識では，同じ地点で起きる2つの出来事の時刻の隔たりは静止した世界で測っても，等速直線運動している世界で測っても同じになる。対して，アインシュタインの世界では異なり得る。さらには，私たちの常識では，異なる地点で同時刻に起きる現象は，等速直線運動をしている世界でも同時に起きると認識される。しかし，アインシュタインの世界では同時ではなくなる可能性があるのである。

アインシュタインは，相対性の原理を私たちの住む宇宙の原理として採用しているのだから，アインシュタインの結論のほうが真実でなければならない。では，なぜ，私たちの常識と異なるのだろう。

その答えは，私たちは通常，光速に近い速度で移動するような別の世界を観測しないからである。例えば，速度vで移動する観測者は，ローレンツ収縮から，距離を$\sqrt{1-\left(\dfrac{v}{5}\right)^2}$倍に縮小して計測することを説明した。ここで，$v$が光速5よりも非常に小さければ，$\dfrac{v}{5}$はほぼ0と等しくなるので，縮小率はほとんど1となる。つまり，ローレンツ収縮の効果を感じないのである。

さて，このように，距離も異なり，時刻も異なり，「同時

219

性」も崩れてしまう2つの観測において,何か不変な計測が存在するだろうか。それを探すとしよう。

設定を扱いやすくするために,海上の空間(静止している世界)と船上の空間(毎秒4メートルで等速直線運動する世界)とに座標を入れるとしよう。船のデッキ上の平面をx軸とy軸を有するx-y平面とし,海上の平面をx'軸とy'軸を有するx'-y'平面と設定する。

時刻0には,x軸とx'軸両方がACに重なっており,y軸とy'軸両方がABに重なっていて,両方の原点が点Aに重なっているものとする。

Aさんはx-y座標系に,Dさんはx'-y'座標系におり,x-y座標系はx'-y'座標系に対して,秒速4メートルでx'方向に移動していく。

Aさんのx-y座標系での観測結果と,Dさんのx'-y'座標系での出来事の観測結果を表にまとめると次のようになる。

	Aさんの観測		Dさんの観測	
	出来事の座標 (x, y)	時刻	出来事の座標 (x', y')	時刻
光のA点での発射	(0, 0)	0	(0, 0)	0
光がB点に到着	(0, 90)	18	(120, 90)	30
光がC点に到着	(90, 0)	18	(270, 0)	54
光がA点に帰還	(0, 0)	36	(240, 0)	60

表9—1

少しだけ表の数値に関する補足説明をしよう。光が点Bに到着するのをDさんが観測する時刻は(前に説明したよ

第9章 アインシュタインと $E=mc^2$

うに）30秒である。光はAB方向（y'軸方向）には，秒速4メートルで移動するので，そのときの点Bのx'座標は

$x' = 4 \times 30 = 120$

となる。また，光が点Cに到着するのをDさんが観測する時刻は54秒である。光はAC方向（x'軸方向）を毎秒5メートルで進むから，そのとき点Cのx'座標は

$x' = 5 \times 54 = 270$

となる。

ここで，2点間の距離を計測するとAさんとDさんの間で食い違いが起きることを見てみよう。まず，座標から距離を計算する公式を復習しておこう。

2点間の距離の公式

$P(a, b)$と$Q(c, d)$の距離PQは，ピタゴラスの定理から，

$PQ^2 = (a-c)^2 + (b-d)^2$

を満たす。

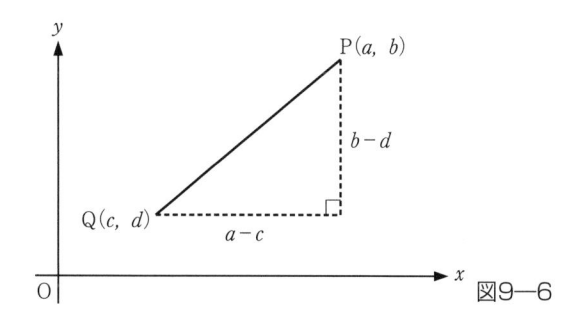

図9-6

2つの反射板の隔たりBCを2乗した値について，AさんとDさんの計測結果を見てみよう。表中の座標を使えば，

Aさんの計測→ $BC^2 = (0-90)^2 + (90-0)^2$
$= 16200$

Dさんの計測→ $BC^2 = (120-270)^2 + (90-0)^2$
$= 30600$

このように，同じ2点間の距離が，観測者の間で異なる値となってしまう。

しかし，アインシュタインは，2人の観測者の計測値が一致するような計量を発見したのである。それは，それぞれの値から，

[（光速）と（観測時刻の差）の積を2乗した値]

を引き算したものだと言う。やってみよう。

Aさんの観測では，B到達の観測時刻18秒，C到達の観測時刻18秒だから，時刻の差は0となる。したがって，

$16200 - 0^2 = 16200$

となる。

他方，Dさんの観測では，B到達の観測時刻は30秒，C到達の観測時刻は54秒だから，時刻の差は（-24秒）。これに光速の5を掛けて2乗すると，

$(-5 \times 24)^2 = 14400$

これを引くと，

$30600 - 14400 = 16200$

となって，Aさんの計量値と一致する。

つまり，2点を時刻 t_1, t_2 も含め，(x_1, y_1, t_1) と (x_2, y_2, t_2) と表すなら，

第9章 アインシュタインと $E=mc^2$

$$(2点間の距離)^2 - \{(光速) \times (時刻の差)\}^2$$
$$= (x_1 - x_2)^2 + (y_1 - y_2)^2 - c^2(t_1 - t_2)^2$$

という計量値は，観測者によらない不変量となるのである。この不変量は，アインシュタインの発見した新しい2乗の世界なのだ。

$E=mc^2$ の発見

いよいよ，お待ちかねの公式 $E=mc^2$ の導出にとりかかるとしよう。

以上のような特殊相対性理論の論文を発表した直後に，アインシュタインはもう一本の短い論文を提出している。それは，アインシュタインを最も有名にすることになる質量エネルギーの式

$$E = mc^2$$

を導出した論文だった。この式は，質量 m の物体は，それが存在するだけで，質量に光速 c の2乗を掛けたエネルギーを持っている，ということを意味する式である。つまり，質量はエネルギーに転換できるし，逆に，エネルギーは質量に転換できるということなのである。

アインシュタインはこの式を，純粋に理論的な考察から導きだしたのだが，後に核分裂で発生するエネルギーの計測などから実証されることになった。核分裂する際，物質の質量が小さくなり，分裂した原子核などの運動エネルギーに変換されるのだが，その関係がまさにこの公式通りになるのだ。アインシュタインはこの式を，エネルギー保存則にテーラー展開という数学公式（例えば，128ページ⑦式はその一つ）

を用いることによって導いている。この方法はわかりづらいので，本書では別の方法で導くことにしよう。

前と同じように，速度vで右方に運航する船のデッキ上のAさんの座標系をx-yとし，イカダ上のDさんの座標系をx'-y'とする（図9－7）。

今，船上で静止している物体（質量M）にy軸方向正の向きとy軸方向負の向きに，同じ振動数νの光（光子）が同時に吸収されたとしよう。

各光子のエネルギーは$\varepsilon = h\nu$（189ページ），運動量の大きさは$p = \dfrac{\varepsilon}{c}$と知られている。そこで，二人の観測者の立場から，この現象がどう見えるか考えてみよう。

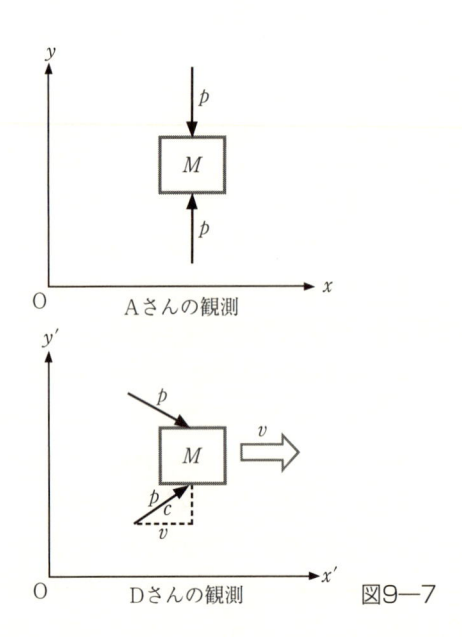

Aさんの観測

Dさんの観測

図9－7

まず，観測者Aさんの立場からは，同じ光子が物体に反対側から同時に吸収されるので，物体は静止したままに観測される（運動量保存則）。他方，エネルギーの増加分は2ε（これをEと記そう）である。

次のDさんの立場からどう観測されるかを見ることにしよう。

物体は右方（x'方向）に速度vで動いて見える。したがって，光子は斜めに物体にぶつかって吸収されることになる。この際，光速度不変の原理から，斜めに入射する光子の速度は光速度cである（これが重要なポイントだ）。一方，図のように，入射のx'方向の長さはvである。このことから，斜めに入射する1個の光子が物体に与えるx'方向の運動量は（相似形から）$\dfrac{v}{c}$に縮んで，

$$p \times \frac{v}{c} = \frac{\varepsilon}{c} \times \frac{v}{c} = \frac{\varepsilon v}{c^2}$$

となる。つまり，物体の運動量はx'方向にこの2倍の

$$\frac{2\varepsilon v}{c^2}$$

だけ増えるとDさんには観測される（ちなみにy'方向の運動量は反対向きだから，打ち消し合うので変化しない）。

一方，船上では物体は静止したままなので，イカダ上のDさんには，光子を吸収する前と同じ速度vで運動しているように見える。すると，運動量＝（質量）×（速度）で速度のほうがvのまま変化しないので，運動量の増加は質量の増加として現れなければならない。質量の増加分をmとすると，運動量の増加は

$$mv = \frac{2\varepsilon v}{c^2}$$

となる。これは,

$$2\varepsilon = mc^2$$

となるが, 2ε は物体のエネルギーの増加分 E であるから,

$$E = mc^2$$

が導かれるのである。まさに，これこそ，アインシュタインの質量エネルギーの式である。このような物質に潜む驚くべき性質が，純粋な思索の産物として得られ，しかも，それが現実の実験で確認されることになった事実には，人間の知性の豊かさを思い知らされる。そして，私たちが住み暮らすこの宇宙空間というものが，いかにみごとに「2乗の世界」であるか，ということに，読者の皆さんも心を強く打たれるのであるまいか。

[平方数を好きになる問題]

❾

速度を表す変数 u, v に関する新しい計算を次式で定義することにしましょう。

$$u * v = \frac{u + v}{1 + \frac{uv}{c^2}}$$

ただし，c は光速度を表す定数です。

① $u * c = c$ であることを証明してください。

ヒント

実際，計算してみればいいです。

② $u < c$, $v < c$ のとき，$u * v < c$ であることを証明してください。

ヒント

$c - (u * v)$ を計算して，因数分解してみましょう。
（解答は238ページ）

あとがき
―この本を書くのは,ぼくの夢だった―

　テーマパーク「2乗の世界」を,お楽しみいただけたでしょうか。もし「面白かった」と言っていただけたなら,ぼくは積年の想いを達成することができたことになります。なぜなら,本書は,ぼくが若い頃から目標としていた本だからです。

　目標というのは二つありました。

　第一の目標は,ブルーバックスの古典的名著であるコンスタンス・レイド『ゼロから無限へ』(芹沢正三・訳)の自分バージョンを上梓することでした。

　ぼくは,中学1年生の頃にこの本を読んで,数学に目覚めました。1971年刊行ですから,ちょうど刊行された直後だったと思います。この本には,フェルマーやオイラーやガウスの業績がわかりやすく書かれていました。とりわけ,平方数の性質に魅惑されました。この本をきっかけにぼくは,将来は数学者になりたい,という夢を持ったのでした。

　数学者の夢は叶わず,大学を卒業してからは,『ゼロから無限へ』に匹敵する本を書きたい,できればブルーバックスの一冊として書きたい,ということが心の支えになりました。本書は,その夢の実現となりました。もちろん,『ゼロから無限へ』の水準に達しているかどうかは,読者の判断に委ねなければなりません。でも,本書には,『ゼロから無限へ』には書かれていない数学の進歩を意識的に取り込んでいます。合同数とバーチ・スイナートン＝ダイアー予想の関係

あとがき

や，2平方数定理とガウス素数の関係，4平方数定理とp進数の関係などがそれです。そういう意味で，『ゼロから無限へ』のバージョンアップの役割を果たせるのではないか，そう期待しています。

第二の目標は，中高生の頃から興味津々だった相対性理論，とりわけ，$E = mc^2$の公式を自分なりの理解で解説する，ということでした。相対性理論は，ものすごく有名であるにもかかわらず，どの本を読んでも「わかった！」というスッキリした気分にはなりませんでした。だから，「本に書けるぐらいに，この理論を理解したい」というのが，ぼくの人生の目標となりました。本書で，遂にその夢を叶えることができたわけです。

もちろん，ぼくは物理学の専門家ではないので，相対性理論を広く深く理解できているわけではありません。しかし，自分なりの感受性と自分なりの問題意識で，$E = mc^2$の解説をすることができたのではないかと思います。

本書の$E = mc^2$の説明は，山本義隆先生の本から引用しました。実は，ぼくは，大学受験に失敗して浪人をした一年間，予備校で山本先生の講義を受講しました。その講義で先生が，戯れに，この方法で$E = mc^2$を導いてみせてくれたときの，あの高揚感は今でも感動を持って思い出されます。この説明は他所では見たことがなく，いつか自著で紹介できればと思っていました。2乗に関するこの本の中で，ピタゴラスの定理の延長として扱うことができたことに，とても満足感があります。

ぼくは，数理科学全般に関心を持っていますが，物理学は

その中で最も苦手としています。物質の振る舞いというものに，どこか縁遠い感じを抱いているからでしょう。それだから，純粋に形而上的な数学のファンとなり，また，生臭い人間行動を解析する経済学を専門とするようになったのだと思います。そんなぼくが，これほどたくさん物理の解説を書いたのだから，自分でも驚きです。物理の解説には全く自信がないので，親友で東大物性研究所の物理学者である加藤岳生さんに査読をお願いしました。加藤さんには，たくさんのコメントとアイデアをいただいたことを，紙面を借りてお礼を申し上げます。もちろん，残っている誤謬（ごびゅう）はすべてぼくの責任であることは言うまでもありません。

最後になりましたが，本書のたどった数奇な運命について書き留めたいと思います。

本書が企画されたのは，たぶん，1994年頃のことだったと思います。知人の紹介で，当時のブルーバックスの編集長だった柳田和哉さんに企画を持ち込むことができました。柳田さんは，数学オリンピックに関する企画と平方数に関する企画と，二つの企画を採択してくださいました。しかし，前者を刊行したあと，ぼくは経済学の大学院に社会人として入学することになり，経済の勉強に専念するため，本書の企画を棚上げせざるを得なくなりました。大学院を卒業して，執筆の余裕ができた頃には，なんだか敷居が高くなって，柳田さんに連絡をする勇気が出なくなりました。それで，企画は宙に浮いたままになってしまったのでした。

ところが，柳田さんもまた，同じ状態にあったのだそうです。そのことは，講談社現代新書の拙著『数学でつまずくの

あとがき

はなぜか』を刊行したときの打ち上げで、担当編集者だった阿佐信一さんから伝えていただき、初めて知ったのです。「柳田さんが、未刊行で心残りの企画があると言っていますよ」と。それは2008年のこと、なんと企画から14年もの歳月が流れていました。ぼくは驚き、感激し、阿佐さんに柳田さんとの間を取り持ってくれるようお願いしました。そうして企画がよみがえり、5年後の今年にやっと刊行とあいなったのです。最初の企画の頃は、ぼくは塾の先生で生計をたてており、物書きとしても駆け出しで、これからやっていけるかどうか未知数でした。その後の長い年月の中で、ぼくの人生は大きく変わりました。経済学者となり、大学で教えるようになり、物書きとしても中堅ぐらいになったでしょうか、本当に感慨深いことです。

したがって、この本の刊行についてはまず、柳田さんに心からお礼を申し上げたいと思います。そして、企画をよみがえらせてくださった阿佐信一さんにも感謝いたします。阿佐さんは、あまりにも悲しいことに、昨年夭折されました。ぼくはとても大事な相棒を失ってしまいました。本書は、昨年刊行された現代新書の拙著『経済学の思考法』に続いて、阿佐信一さんの追悼の書としたいと思います。

本書の編集作業は、ブルーバックス編集部の能川佳子さんに担当していただきました。理系出身の能川さんには、とても優れたアドバイスをいただき、本書のプロットがより鮮明に読者に伝わるようになったと思います。また、ブルーバックス編集長の小澤久さん、現代新書での担当編集者の川治豊成さんにも有益なアドバイスをいただきました。ここにお礼

を申し上げます。

　中高生の頃のぼくみたいな若い理系キッズの未来に，本書が良い影響を与えられますよう。

2013 年 7 月　　小島寛之

平方数を好きになる問題解答

第1章 平方数を好きになる問題1

① $a = k(m^2 - n^2) = 1 \times (5^2 - 2^2) = 21$, $b = 2kmn = 2 \times 1 \times 5 \times 2 = 20$, $c = k(m^2 + n^2) = 1 \times (5^2 + 2^2) = 29$ となります。

$21^2 + 20^2 = 841 = 29^2$ だから、確かに満たしています。

② $a^2 + b^2 = \{k(m^2 - n^2)\}^2 + (2kmn)^2$
$= k^2\{(m^4 + n^4 - 2m^2n^2) + 4m^2n^2\}$
$= k^2(m^4 + n^4 + 2m^2n^2)$

$c^2 = \{k(m^2 + n^2)\}^2 = k^2(m^4 + n^4 + 2m^2n^2)$

なので確かに成り立ちます。

第2章 平方数を好きになる問題2

① n 段を昇る昇り方の総数を F_n と表します。問題文にあるように $F_1 = 1$, $F_2 = 2$ です。

n が3以上のとき、F_n は次のような考え方で求めることができます。最後に昇ったのが1段か2段（1段とばし）かで分類するのです。最後に昇ったのが1段だとすれば、$n-1$ 段目まで昇ってきたあと、1段分昇ったことになります。このような昇り方の総数は、$n-1$ 段目までの昇り方の総数 F_{n-1} 通りとなります。同様に、最後に昇ったのが2段だとすれば、$n-2$ 段目まで昇ってきたあと、2段分昇ったことになります。このような昇り方の総数は、$n-2$ 段目までの昇り方の総数 F_{n-2} 通りとなります。したがって、n 段の昇り方の総数は、これらの和 $F_{n-1} + F_{n-2}$ となります。つま

り，$F_n = F_{n-1} + F_{n-2}$ となりますから，これはフィボナッチ数列の2項目以降と一致することになります。

$$F_3 = 1 + 2 = 3,\ F_4 = 2 + 3 = 5,$$
$$F_5 = 3 + 5 = 8,\ F_6 = 5 + 8 = 13,$$
$$F_7 = 8 + 13 = 21,\ F_8 = 13 + 21 = 34,$$
$$F_9 = 21 + 34 = 55,\ F_{10} = 34 + 55 = 89$$

と計算されますから，10段の昇り方は89通りになります。

②5段目を踏む場合は，5段を昇った後に再度5段昇ることになります。このような総数は，

（5段の昇り方数）×（5段の昇り方数）
$= F_5 \times F_5 = F_5^2$ 通りとなります。

同様にして，5段目を踏まない場合は，4段目まで昇ったあと，2段をいっぺんに昇って6段目まで行き，そこから4段分を昇ります。このような総数は，

（4段の昇り方数）×（4段の昇り方数）
$= F_4 \times F_4 = F_4^2$

となります。

したがって，

$$F_{10} = F_5^2 + F_4^2$$

が得られることになります。これを一般的にやれば，30ページの性質が得られる次第です。

第3章 平方数を好きになる問題3

①自然数は必ず，$3k$ か $3k + 1$ か $3k + 2$ のどれかの形で表すことができます（3で割ると，余りが0または1または2だから）。これらをそれぞれ2乗してみましょう。

$$(3k)^2 = 9k^2 = (3の倍数)$$
$$(3k+1)^2 = 9k^2 + 6k + 1 = (3の倍数) + 1$$
$$(3k+2)^2 = 9k^2 + 12k + 4 = 9k^2 + 12k + 3 + 1$$
$$= (3の倍数) + 1$$

このように,平方数を3で割った余りは,0または1となり,決して2となることはありません。

②整数nを3で割った余りは,nの各ケタの数字を足し算して3で割った余りと一致することは,有名な事実です。これを使いましょう。1,1,2,2,3,3,4,4の8個の数字を適当な順序に並べて作った数nを3で割った余りは,$1+1+2+2+3+3+4+4=20$を3で割った余りだから,2となります。(1)からnは平方数になることはありません。

第4章 平方数を好きになる問題4

$3^a + 3^b$(a,bは自然数)の形で書ける平方数について考えましょう。

①$3^a + 3^b$の形で書ける平方数の一つとして,$3^2 + 3^3 = 9 + 27 = 36$があります。

②36に9^k(kは自然数)を掛けた数は,必ず$3^a + 3^b$の形で書ける平方数になります。まず,平方数になることは,
$$36 \times 9^k = (6 \times 6) \times (3^k \times 3^k)$$
$$= (6 \times 3^k) \times (6 \times 3^k) = (6 \times 3^k)^2$$
からわかります。また,$3^a + 3^b$の形で書けることは,
$$36 \times 9^k = (3^2 + 3^3) \times 3^{2k} = 3^{2+2k} + 3^{3+2k}$$
からわかります。したがって,$k = 1,2,3,\cdots$としてい

けば，$3^a + 3^b$ の形で書ける平方数が無限に得られます。

第5章　平方数を好きになる問題5

①すべての自然数 n は，偶数なら $2k$，奇数なら $2k + 1$ と表せます。

n が偶数のときは n の平方は，

$$n^2 = (2k)^2 = 4k^2 = (4の倍数)$$

となります。

n が奇数のときは n の平方は，

$$n^2 = (2k + 1)^2 = 4k^2 + 4k + 1 = (4の倍数) + 1$$

となります。

② m を4で割ると3余る自然数とします。$m = x^2 + y^2$ と平方数の和で表せたと仮定しましょう。①から，x^2 も y^2 も，4で割った余りは0または1となります。したがって，$x^2 + y^2$ を4で割った余りは，0か1か2でなければなりません。しかし，これは，m を4で割ると3余ることに矛盾しています。つまり，$m = x^2 + y^2$ とは表せないということになります。

第6章　平方数を好きになる問題6

連続した平方数に±をつけたものの和でどんな数が作れるかを考えてみましょう。

つまり，$\pm 1 \pm 4 \pm 9 \pm 16 \pm 25 \pm \cdots \pm k^2$ という形式の計算です。

①問題文にあるように，1は平方数1で表せます。2は，$-1 - 4 - 9 + 16$ と表せます。

そして、3は$3 = -1 + 4$と、4は$4 = -1 - 4 + 9$と表せます。

② $k^2 - (k+1)^2 - (k+2)^2 + (k+3)^2$
$= k^2 - (k^2 + 2k + 1) - (k^2 + 4k + 4) + (k^2 + 6k + 9)$
$= 4$。

③②から自然数mが表せれば、$m + 4$が表せることがわかります。

例えば、3が$3 = -1 + 4$と表せるので、$3 + 4 = 7$も表せます。なぜなら、②で$k = 3$として、$9 - 16 - 25 + 36 = 4$となることより、これらをつなぐことによって、

$$7 = 3 + 4 = (-1 - 4) + (9 - 16 - 25 + 36)$$

となるからです。

最初の4個の自然数、1、2、3、4が表せますので、

$$1 + 4 = 5,\ 2 + 4 = 6,\ 3 + 4 = 7,\ 4 + 4 = 8$$

が表せます。すると、

$$5 + 4 = 9,\ 6 + 4 = 10,\ 7 + 4 = 11,$$
$$8 + 4 = 12$$

も表せます。このように、どんどん4をつないでいくことで、すべての自然数を表すことができます。

第7章 平方数を好きになる問題7

$5^a + 5^b$の形で書ける平方数は一つも存在しないことは以下のように示すことができます。

① 5^aは、5、25、125、625、…となるので、末尾2ケタは05または25となります。$5^a + 5^b$は、$05 + 05 = 10$または$05 + 25 = 30$または$25 + 25 = 50$となります。

②①よりいずれにしても，10の倍数であることがわかります。10の倍数であるような平方数は，10の倍数を2乗した数に限られますから，末尾2ケタは必ず00となります。しかし，$5^a + 5^b$の末尾2ケタは，10または30または50ですから，これは不可能なのです。

第8章　平方数を好きになる問題8

nが自然数で$2n + 1$が平方数のとき，$n + 1$は2個の平方数の和となる，という法則について，

①$n = 12$のとき，$2 \times 12 + 1 = 25$は平方数です。このとき，$12 + 1 = 13 = 2^2 + 3^2$ですから，確かに成り立っています。

②この法則は次のように証明できます。$2n + 1 = t^2$ですが，$2n + 1$は奇数ですから，t^2は奇数の平方数です。したがって，$t = 2k + 1$と表すことができます。すると，

$$2n + 1 = (2k + 1)^2 = 4k^2 + 4k + 1$$

だから，

$$n = 2k^2 + 2k$$

となります。これによって，

$$n + 1 = 2k^2 + 2k + 1 = k^2 + (k + 1)^2$$

と表せます。

第9章　平方数を好きになる問題9

①$u * v = \dfrac{u+v}{1+\dfrac{uv}{c^2}}$ で$v = c$とおいてみましょう。

$$u * c = \dfrac{u+c}{1+\dfrac{uc}{c^2}} = \dfrac{u+c}{1+\dfrac{u}{c}} = c\dfrac{u+c}{c+u} = c$$

②$u<c$, $v<c$とします。

$$c - u * v = c - \frac{u+v}{1+\frac{uv}{c^2}}$$
$$= c - c^2\frac{u+v}{c^2+uv} = c\frac{c^2+uv-cu-cv}{c^2+uv}$$
$$= c\frac{(c-u)(c-v)}{c^2+uv}$$

ここで$c-u$も$c-v$も正ですから，分子は正と決まります。したがって，$c>u*v$が証明されました。ちなみにこの計算は，相対性理論における速度の合成公式となっており，①も②も相対性理論から当然の帰結となっているのです。

参考文献

[1] E.マオール『ピタゴラスの定理』伊理由美・訳　岩波書店
[2] カジョリ『復刻版　カジョリ　初等数学史』小倉金之助・補訳　共立出版
[3] 小島寛之『無限を読みとく数学入門』角川ソフィア文庫
[4] 数学セミナー増刊『100人の数学者』日本評論社
[5] J.S.Chahal『数論入門講義』織田進・訳　共立出版
[6] 和田秀男『数の世界』岩波書店
[7] 朝永振一郎『物理学とは何だろうか　上下』岩波新書
[8] 小島寛之『世界を読みとく数学入門』角川ソフィア文庫
[9] 加藤和也, 黒川信重, 斎藤毅『数論　ⅠⅡ』岩波書店
[10] 小島寛之『文系のための数学教室』講談社現代新書
[11] J.-P.セール『数論講義』彌永健一・訳　岩波書店
[12] 小島寛之『天才ガロアの発想力』技術評論社
[13] 黒川信重, 小島寛之『リーマン予想は解決するのか？』青土社
[14] 黒川信重, 小島寛之『21世紀の新しい数学』技術評論社
[15] 安藤洋美『統計学けんか物語　カール・ピアソン一代記』海鳴社
[16] 安藤洋美『最小二乗法の歴史』現代数学社
[17] 西尾成子『現代物理学の父ニールス・ボーア』中公新書
[18] アルベルト・アインシュタイン『アインシュタイン論文選』青木薫・訳　ちくま学芸文庫
[19] クレメント・V・ダレル『四次元の国のアリス　相対性理論への招待』市場泰男・訳　現代教養文庫
[20] 山本義隆『新・物理入門』駿台文庫
[21] 小島寛之『数学入門』ちくま新書

索　引

〈数字・欧文〉

$\sqrt{}$	22
2項分布	154
2乗	12
2点間の距離の公式	221
2平方数定理	74, 78, 79, 108
4平方数定理	74, 79, 80
7進距離	93
$E = mc^2$	200, 223
i	110
p進数	88, 89, 96

〈あ行〉

アインシュタイン	200
アルキメデス	36
位置エネルギー	60, 184
運動エネルギー	60, 184
エネルギー	59, 185
エネルギー保存則	61
オイラー，レオンハルト	120, 122
オイラー積	134
オイラーの定理	76, 77

〈か行〉

カイ2乗分布	166
ガウス	102
ガウス整数	111
ガウス分布	103
確率	157
ガリレイ，ガリレオ	50
慣性	55
慣性の法則	51, 54, 55, 57
共役数	112
虚数	109
距離	93
グノモン	19, 52
ケプラー，ヨハネス	50, 62
ケプラーの法則	62
光速度不変の原理	211, 214
合同式	103
合同数	34
合同数の定理	34
合同数の問題	28
合同数予想	35
ゴールドバッハ予想	121
弧度法	127

〈さ行〉

最小2乗法	161, 164
最尤原理	163, 172
サイン関数	127
作用・反作用の法則	66
式の展開の原理	128
シュレーディンガー	191
シュレーディンガー方程式	192, 196
推測統計	171
正規分布	150, 160
正規分布曲線	158
ゼータ関数	120, 138
前期量子論	182
双曲線	38

相対性原理	211
相対性の原理	57

〈た行〉

代数学の基本定理	111
高木貞治	116
多項分布	154
ディオファントス方程式	20, 36
テータ関数	87
等加速度運動	52
特殊相対性理論	201

〈な行〉

ニュートン,アイザック	50, 65
ネピア数	157
ノルム	194

〈は行〉

バーゼル問題	120, 128
ハイゼンベルク	191
ハッセの原理	96, 99
ハッセの定理	97, 98
波動関数	193
バルマー,ヨハン	178
バルマー系列	182
万有引力の法則	66, 69
ピアソン,カール	150, 165
ピアソンの適合度検定	168, 170
ピタゴラス	15
ピタゴラス数	18, 77
ピタゴラスの定理	16, 200
標準正規分布	158, 166
標準偏差	150, 151, 152

フィッシャー,ロナルド・エイマー	170
フィボナッチ	28
フィボナッチ数	28
フィボナッチ数列	29
フェルマー・ド・ピエール	74
フェルマーの最終定理	77
フェルマーの小定理	75, 76, 104
フェルマーの大定理	75, 77
複素数	110
プランク定数	187
平方	12
平方剰余	106
平方剰余相互の法則	102, 107
平方数	12
ベル曲線	158
ペル方程式	28, 36
偏差	151
ボーア,ニールス	181
ボーアの原子モデル	191
ボーアの量子条件	187, 190
母関数	83
母関数による証明	86

〈ま行〉

マクスウェルの方程式	210, 211
無理数	22
モアブル,ド	83, 156

〈や行〉

有理数	21

〈ら行〉

落体法則	51	量子条件	186
ラグランジュ	81	量子跳躍	186
ラグランジュの証明	81	類体論	115
リーマン, ベルンハルト	139	ローレンツ	208
リーマンゼータ関数	140	ローレンツ収縮	210, 217
リーマン予想	120, 140, 141		

N.D.C.400　　243p　　18cm

ブルーバックス　B-1819

世界は２乗でできている
自然にひそむ平方数の不思議

2013年 8 月20日　第 1 刷発行
2023年 3 月15日　第 6 刷発行

著者	小島寛之（こじまひろゆき）
発行者	鈴木章一
発行所	株式会社講談社
	〒112-8001 東京都文京区音羽2-12-21
電話	出版　03-5395-3524
	販売　03-5395-4415
	業務　03-5395-3615
印刷所	(本文印刷) 株式会社ＫＰＳプロダクツ
	(カバー表紙印刷) 信毎書籍印刷株式会社
製本所	株式会社国宝社

定価はカバーに表示してあります。
©小島寛之 2013, Printed in Japan
落丁本・乱丁本は購入書店名を明記のうえ、小社業務宛にお送りください。送料小社負担にてお取替えします。なお、この本についてのお問い合わせは、ブルーバックス宛にお願いいたします。
本書のコピー、スキャン、デジタル化等の無断複製は著作権法上での例外を除き禁じられています。本書を代行業者等の第三者に依頼してスキャンやデジタル化することはたとえ個人や家庭内の利用でも著作権法違反です。
R〈日本複製権センター委託出版物〉複写を希望される場合は、日本複製権センター（電話03-6809-1281）にご連絡ください。

ISBN978-4-06-257819-6

発刊のことば

科学をあなたのポケットに

二十世紀最大の特色は、それが科学時代であるということです。科学は日に日に進歩を続け、止まるところを知りません。ひと昔前の夢物語もどんどん現実化しており、今やわれわれの生活のすべてが、科学によってゆり動かされているといっても過言ではないでしょう。

そのような背景を考えれば、学者や学生はもちろん、産業人も、セールスマンも、ジャーナリストも、家庭の主婦も、みんなが科学を知らなければ、時代の流れに逆らうことになるでしょう。

ブルーバックス発刊の意義と必然性はそこにあります。このシリーズは、読む人に科学的に物を考える習慣と、科学的に物を見る目を養っていただくことを最大の目標にしています。そのためには、単に原理や法則の解説に終始するのではなくて、政治や経済など、社会科学や人文科学にも関連させて、広い視野から問題を追究していきます。科学はむずかしいという先入観を改める表現と構成、それも類書にないブルーバックスの特色であると信じます。

一九六三年九月

野間省一

ブルーバックス　数学関係書 (I)

116	推計学のすすめ	佐藤 信
120	統計でウソをつく法	ダレル・ハフ／高木秀玄 訳
177	ゼロから無限へ	C・レイド／芹沢正三 訳
325	現代数学小事典	寺阪英孝 編
722	解ければ天才！　算数100の難問・奇問	中村義作
833	虚数 i の不思議	堀場芳数
862	対数 e の不思議	堀場芳数
926	原因をさぐる統計学	豊田秀樹
1003	マンガ　微積分入門	岡部恒治／藤岡文世 絵コンテ／佐藤恭一 漫画
1013	自然にひそむ数学	吉田武
1037	道具としての微分方程式	斎藤恭一
1201	違いを見ぬく統計学	豊田秀樹
1243	マンガ　おはなし数学史 新装版	仲田紀夫 原作／柳井晴夫 絵／前田忠夫 絵コンテ
1312	高校数学とっておき勉強法	鍵本聡
1332	集合とはなにか	竹内外史
1352	確率・統計であばくギャンブルのからくり	谷岡一郎
1353	算数パズル「出しっこ問題」傑作選	仲田紀夫
1366	数学版　これを英語で言えますか？	E・ネルソン 監修／保江邦夫
1383	高校数学でわかるマクスウェル方程式	竹内淳
1386	素数入門	芹沢正三
1407	入試数学　伝説の良問100	安田亨
1419	パズルでひらめく　補助線の幾何学	中村義作
1429	数学21世紀の7大難問	中村亨
1433	大人のための算数練習帳	佐藤恒雄
1453	大人のための算数練習帳　図形問題編	佐藤恒雄
1479	なるほど高校数学　三角関数の物語	原岡喜重
1490	暗号の数理　改訂新版	一松信
1493	計算力を強くする	鍵本聡
1536	計算力を強くする part2	鍵本聡
1547	広中杯　ハイレベル　算数オリンピックに挑戦	算数オリンピック委員会 監修／青木亮二 解説
1557	やさしい統計入門	柳井晴夫／田栗正章／C・R・ラオ 祝
1595	数論入門	芹沢正三
1598	なるほど高校数学　ベクトルの物語	原岡喜重
1606	関数とはなんだろう	山根英司
1619	離散数学「数え上げ理論」	野崎昭弘
1620	高校数学でわかるボルツマンの原理	竹内淳
1629	計算力を強くする　完全ドリル	鍵本聡
1657	高校数学でわかるフーリエ変換	竹内淳
1677	新体系　高校数学の教科書（上）	芳沢光雄
1678	新体系　高校数学の教科書（下）	芳沢光雄
1684	ガロアの群論	中村亨

ブルーバックス　数学関係書（II）

1704	リーマン予想とはなにか	中村 亨
1724	三角形の七不思議	細矢治夫
1738	世界は2乗でできている	小島寛之
1740	マンガ　線形代数入門	鍵本 聡"原作"／北垣絵美"漫画"
1743	新体系　中学数学の教科書（下）	芳沢光雄
1757	新体系　中学数学の教科書（上）	芳沢光雄
1764	高校数学でわかる統計学	竹内 淳
1765	大学入試問題で語る数論の世界	清水健一
1770	マンガで読む　計算力を強くする	がそんみほ"マンガ"／銀杏社"構成"
1782	物理数学の直観的方法（普及版）	長沼伸一郎
1784	ウソを見破る統計学	神永正博
1786	高校数学でわかる線形代数	竹内 淳
1788	はじめてのゲーム理論	木村俊一
1795	連分数のふしぎ	木村俊一
1808	確率・統計でわかる「金融リスク」のからくり	吉田佳右
1810	「超」入門　微分積分	神永正博
1818	複素数とはなにか	示野信一
1819	シャノンの情報理論入門	高岡詠子
1822	オイラーの公式がわかる	原岡喜重
1823	不完全性定理とはなにか	竹内 薫
1828	算数オリンピックに挑戦　'08～'12年度版	算数オリンピック委員会"編"
1833	超絶難問論理パズル	小野田博一
1841	難関入試　算数速攻術	中川塁／松島りつこ"画"
1851	チューリングの計算理論入門	高岡詠子
1880	非ユークリッド幾何の世界　新装版	寺阪英孝
1888	直感を裏切る数学	神永正博
1890	逆問題の考え方	上村 豊
1893	ようこそ「多変量解析」クラブへ	小野田博一
1897	算法勝負！「江戸の数学」に挑戦	山根誠司
1906	ロジックの世界	ダン・クライアン／シャロン・シュアティル／ビル・メイブリン"絵"／田中一之"訳"
1907	素数が奏でる物語	西来路文朗・清水健一
1917	群論入門	芳沢光雄
1921	数学ロングトレイル「大学への数学」に挑戦	山下光雄
1927	確率を攻略する	小島寛之
1933	「P≠NP」問題	野﨑昭弘
1941	数学ロングトレイル「大学への数学」に挑戦　ベクトル編	山下光雄
1942	数学ロングトレイル「大学への数学」に挑戦　関数編	山下光雄
1961	曲線の秘密	松下泰雄
1967	世の中の真実がわかる「確率」入門	小林道正